见识城邦

更新知识地图　拓展认知边界

百岁人生

长寿时代的生活和工作

[英]琳达·格拉顿（Lynda Gratton）　[英]安德鲁·斯科特（Andrew Scott）_著
吴奕俊_译

THE 100-YEAR
LIFE
LIVING AND WORKING IN AN AGE OF LONGEVITY

中信出版集团·北京

图书在版编目（CIP）数据

百岁人生：长寿时代的生活和工作／（英）琳达·格拉顿，（英）安德鲁·斯科特著；吴交俊译. -- 北京：中信出版社，2018.7（2025.7重印）

书名原文：The 100-Year Life: Living and Working in an Age of Longevity

ISBN 978-7-5086-8507-6

I.①百… II.①琳… ②安… ③吴… III.成功心理 - 通俗读物②世界经济 – 经济发展 – 通俗读物 IV.①TB848,4–49②F113.4–49

中国国家版本馆 CIP 数据核字（2017）第 331266 号

THE 100 YEAR LIFE
Copyright © LYNDA GRATTON AND ANDREW SCOTT 2016
Simplified Chinese translation copyright © 2018 by CITIC Press Corporation
ALL RIGHTS RESERVED
本书仅限中国大陆地区发行销售

百岁人生：长寿时代的生活和工作
著者： ［英］琳达·格拉顿 ［英］安德鲁·斯科特
译者： 吴奕俊
出版发行：中信出版集团股份有限公司
（北京市朝阳区东三环北路 27 号嘉铭中心 邮编 100020）
承印者： 北京盛通印刷股份有限公司

开本：787mm×1092mm 1/16 印张：23.5 字数：247 千字
版次：2018 年 7 月第 1 版 印次：2025 年 7 月第 41 次印刷
京权图字：01-2016-9920 书号：ISBN 978-7-5086-8507-6
定价：68.00 元

版权所有·侵权必究
如有印刷、装订问题，本公司负责调换。
服务热线：400-600-8099
投稿邮箱：author@citicpub.com

献给奈杰尔和戴安娜

百岁人生——企业家的精彩时代

黄怒波（北京中坤投资集团创始人、董事长）

《百岁人生》，是中国的企业家们必读的一本好书。

最近，在改革开放四十年的回顾与纪念之时，企业家群体都自觉不自觉地进入了一种人生的总结模式。每个人都必须面对这些问题：我是怎么活过来的，我活得有意义吗？以及，在新经济、新时代到来之际，我会被"清零"吗？在下一个四十年，我的人生还有精彩的机会吗？

《百岁人生》这本书做了一切的解答。

第一，它指出，"这次不一样了"，它要求我们从根本上"重新设计人生"。这个观点是对的。当我们有了百岁人生的可能性时，企业家重新出发，肯定是这个社会进步的重大动力。要知道：在上一个四十年，中国民营企业是中国社会进步的积极推动者。2017年私营企业累计登记有334万户；注册资本为42146亿元；从业人员达到4714万人；总产值达到20173亿元；实现的社会消费品零售额10603亿元；出口创汇企业74443户，出口创汇1749.68亿。提出这些惊人的数据，不是想向社会和时代邀功请赏，而是想借《百岁人生》这本书，表明：企业家精神是一个积累和不断增值的社会资产。我们这一代人，如果能在进入百岁人生的模式时，继续保有破坏性创新的人生重新设计，将是中国社会继续完善和进步的重大动力。活得更久，就意味着创造的更多。这是《百岁人生》给这一代企业家的提出的要求。

第二，这一代企业家，是中国改革开放的历史中出现的新阶层，是"新人"，他们促进了中国社会的过渡和转变。《百岁人生》指出，"过渡会成为常态"，这是一个非常有意思的论点。在改革开放四十年之际，企业家们都面临着一个崭新的"过渡"阶段，"我们是谁"和"我们将变成什么"，是不可回避的终极问题。在感叹企业家的四十年的精彩人生后，你是要在墙上挂上一幅"英雄到老终归佛，名将还山不言兵"的条幅呢，还是要意识到：你将有一个"百岁人生"，因而，你也将有一个新的"成佛""名将"之可能。在这个意义上，《百岁人生》指出，我们要"获取新知识，探索新的思维方式，从不同的角度看待世界"。这是个好主意。当意识到我们能有一个"百岁人生"的时候，就应该立刻想到：我们的日子必将面临着多种不确定性。而企业家们生存的模式就是要挑战这种不确定性和过渡的风险与刺激。反过来说，这样的"百岁人生"是好玩的，是可遇不可求的。所以，让我们珍惜这种成为"常态"的人生"过渡"。也因此可以断定，《百岁人生》是企业家们必读的一本书，甚至说它是企业家们的人生指南或是"圣经"都不为过。

第三，中国的民营企业家，更像是"池塘里的泥鳅"，是搅局者。他们的命运是夜不能寐，以命相搏，注定不是能跃龙门的"鲤鱼"。从被动的意义上讲，这是《百岁人生》提出的"温迪妮的诅咒"所致。今天不努力，明天就会被市场淘汰、被竞争撕碎。那时，人生结局注定：你要么跳楼，要么坐牢。从积极的一面，企业家们用不断的涅槃和西西弗斯似的生存方式，来规划了自己的、群体的存在方式。这就是，永远保有创新的精神和挑战的冲动。这是一种积极的破解"温蒂妮的诅咒"的"百岁人生"态度。

感谢中信出版集团的眼光。在我们将要掀开下一个四十年的首页的时候，让我们通过《百岁人生》这本书看到了在一个更加辉煌的时代生存和挑战的重大意义。作为一个登山者，作为一个三次登顶珠峰，完成了全球七大洲的高峰登顶和徒步到达南、北极点的人士，我相信和提倡"登顶是为了活着回来，而不是征服"这一信念。也促使我从另一面来解读这本书的意义：活着不是为了"活着"，而是为了生命的不断更新和创造。我想，这就是这本书指出的百岁人生的生命意义。

现在，《百岁人生》已经是我的案头之书了。夜深人静之时，我会把它作为当天的最后的一次阅读功课，然后带着满足和欣慰进入梦乡。因为我知道，有可能，我会有一个百岁人生。那么，也就意味着我还有再一次精彩的可能性。这使我感受到了人生的踏实，生存的意义和命运的可期待性。

好吧，在明天朝阳升起之时，我们去迎接那新的精彩的百岁人生吧。

写于 2018 年 7 月 12 日

名人推荐

这本严肃而活泼的原创著作,在讨论人口统计学意义上的年龄转型方面,远远超过我们现有的单一维度和视角。它为我们描述了一个与现在迥异、令人兴奋和极具挑战性的新世界。作者综合应用经济学、心理学和社会学理论,描绘了一个引人注目的世界:随着我们的寿命越来越长,身体越来越健康,将来的世界与至今我们所知道的世界会迥然不同。

——经济学家达龙·阿西莫格鲁(Daron Acemoglu),麻省理工学院经济系伊丽莎白与詹姆斯·基里安经济学讲座教授很少有人准备好迎接长命百岁这个天赐大礼。它将迫使我们所有人改变人生计划，在每一个人生模块上重新开始。社会也将迎来变革。格拉顿与斯科特教授创作的这本书振聋发聩，将迫使世界各地的领导人认真思考社会组织如何适应这种变革以及如何充分利用它。

——钱德拉塞克兰（N. Chandrasekaran），塔塔咨询服务公司首席执行官

本书恰逢其时，精彩绝伦，而且振聋发聩，充满了关于我们活到100岁会发生的事情的精彩信息。本书拥有绝妙的阅读体验，当政者必读，从事社会保障和医疗工作的人士也应该读一读。

——雪利·克拉默（Shirley Cramer），大英帝国司令勋章获得者，英国皇家公共卫生协会行政长官

琳达·格拉顿和安德鲁·斯科特创作了一本重要而且可读性极强的书，书中所分析的问题，绝大多数政府和企业都宁愿忽视。我们当中绝大多数人都会享受到比我们的先辈更长的寿命。的确，今天有超过一半的孩子将活到 100 岁，这关系到我们的个人财务问题。作者雄辩地向我们证明，我们的全部生活都将重组，以适应这破天荒的长寿。婴儿潮一代和千禧一代都应该好好读这本书。

——尼尔·弗格森（Niall Ferguson），哈佛大学劳伦斯·蒂施历史学讲座教授

格拉顿与斯科特创作的这本必读之作，帮助我们理解现代生活中的关键形态：我们的前途，我们现在能做什么以及必须做什么——无论是私人领域还是公共领域——为在世时间更长的人类获得更广泛的自由开辟道路。

——斯图尔特·弗里德曼（Stewart Friedman），宾夕法尼亚大学沃顿商学院工作/生活一体化项目主席

在一生的时光里做到正确的资产管理并非一蹴而就。《百岁人生》这本书分析有形资产和无形资产，对一系列人生情景的描绘，极具穿透力，也充满智慧，并且指明实践方法。毫不夸张地说，格拉顿和斯科特创作了一本经典之作。

——马丁·吉尔伯特（Martin Gilbert），
安本资产管理公司首席执行官

这本恰逢其时、至关重要、通俗易懂、引人入胜的书会让你停下来思考，并且更好地规划你的人生。寿命延长是真实现象，带来无法预测的变革与挑战，也带来重要的机遇。预期寿命延长，你将如何发挥你的能力，同时把握好人生机遇呢？格拉顿和斯科特的这本书就像闹钟一样唤醒个人、组织、政府和社会。不管是对于年轻的专业人士还是成熟的领导者而言，本书会带领读者进入一个全新的现实世界：多阶段职业和个人生活环绕着不同的职业生涯和过渡期。本书饱含实践真知，能够帮助读者建立并度过一个值得过的人生。

——鲍里斯·格鲁斯伯格（Boris Groysberg），
哈佛商学院商业管理学教授

目 录
Contents

绪　论
Introduction　　*1*

第 1 章　生活篇：天降长寿
Living: The Gift of a Long Life　　*23*

第 2 章　财务篇：更晚退休
Financing: Working for Longer　　*41*

第 3 章　工作篇：就业形势
Working: The Employment Landscape　　*69*

第 4 章　资产篇：专注无价之物
Intangibles: Focusing on the Priceless　　*99*

第 5 章　情景篇：可能的自我
Scenarios: Possible Selves　*145*

第 6 章　阶段篇：人生新模块
Stages: New Building Blocks　*189*

第 7 章　金钱篇：长寿推手
Money: Financing a Long Life　*229*

第 8 章　时间篇：娱乐还是创造
Time: From Recreation to Re-creation　*259*

第 9 章　亲友篇：改变的私生活
Relationships: The Transformation of Personal Lives　*283*

第 10 章　实践篇：期待变革
Practice: Agenda for Change　*319*

绪论

INTRODUCTION

我们正处于一个特别的过渡期，许多人都还没有准备好如何应对。如果我们能够采取正确的措施，这种过渡会成为真正的礼物；忽略这种过渡而毫无准备，它将变成一个诅咒。正如全球化和技术的发展改变了我们的生活方式和工作方式，日益延长的寿命也会在未来的岁月里越来越多地改变我们的生活方式和工作方式。

无论你是谁，无论你身在何处，也无论你年纪多大，你现在都要认真考虑你即将做出的决定，从而最大程度地发挥长寿的功用。这对你所工作的公司和所生存的社会，也同样适用。

我们的寿命将比任何历史时期的人类寿命都长得多，也会比我们目前做人生决定时参照的榜样长得多，比我们的当前经验和制度安排所假设的寿命更长。许多事情都会发生变化，而且这种转变正在发生。你需要为此做好准备，并适应这种转变，这也是我们写作本书的目的。

对于我们来说，长寿可能是我们能享受到的最好的礼物之一。就平均寿命而言，我们这代人将比父母那代人更长寿，更不用说祖父母那代人了。我们的孩子和孩子的孩子又将比我们更长寿。寿命正在不断延长，这关系到我们每一个人。这种延长不是微不足道的，我们的预期寿命将会有实质性增长。今天，一个出生在西方国家的孩子有至少50%的概率活到105岁以上。与之相比，如果这个孩子出生在一个世纪以前，他活到105岁以上的机会还不到1%。长寿这个礼物，来得缓慢而稳定。在过去200年中，预期寿命一直稳步上升，每10年增加2岁以上。[1]这意味着，如果你现在20岁，那么你有50%的概率活到100岁以上；如果你现在40岁，你有50%的概率活到95岁；如果你现在60岁，你有50%的概率活到90岁或者90岁以上。

这可不是科幻小说里的情节。你可能不会活到180岁，我们也不建议你跟风吃一些奇怪的食物。但我们很清楚，数百万人都可以期待寿命更长，这将对他们的生活方式以及社会和企业的运作方式造成压力。毫无疑问，新模式和新规范将会出现，而且已经有很多证据表明，人类和社会都正在适应这些变化。展望未来，变化将更多更广，它们会成为公共意识和大众辩论中的寻常议题。

那么，怎样才能充分利用这份礼物呢？我们曾在讲座和讨论中，向不同年龄段的人提出过这个问题。很多人都对长寿这份礼物感到意外，但经过讨论，他们意识到，他们需要开始改变自己的计划，并立即采取行动。也有人已经完全适应了长寿的现实，但他们没有意识到，还有多少人正以同样的方式思考这个问题。

长寿是一个至关重要的话题，可为什么大众传媒却对这个话题置若罔闻呢？这实在令人困惑。毕竟，长寿影响的不是一小部分人，而是每一个人。而且，这个问题离我们并不遥远，它正在发生。它也并非一个无关紧要的话题。以正确的态度对待长寿这件事可以给我们带来巨大的好处。那么，为什么人们很少谈论这个话题呢？

或许，我们可以从本杰明·富兰克林（Benjamin Franklin）的名言中找到解释："在这个世界上，除了死亡和税收，没有什么事情是确定无疑的。"[2] 人们自然而然地将死亡与税收当作诅咒。长寿是一种诅咒，它一直是与寿命相关的讨论的中心话题。因为长寿包含了死亡与税收两大诅咒，它往往涉及虚弱、疾病、老年痴呆症、医疗成本暴涨以及某种若隐若现的危机。

但是，本书以前瞻性的视角和超前的规划向你证明，长寿是天赐的礼物而非诅咒。这样的人生充满各种可能性，这个天赐礼物便是时间的馈赠。如何规划并使用这段时间，是应对长寿这个问题的关键。

时间规划是本书的一大主题。20 世纪的人们把人生分为三个阶段：首先是受教育期，其次是就业期，再次是退休期。想象一下，如果预期寿命延长，但退休年龄不变，会出现什么情况？这会导致一个很严重的问题：如果绝大多数人的寿命延长，那么我们根本无力负担丰厚的养老金。解决的方案是，要么延长工作年限，要么削减养老金。这两个选择对于我们来说都是避之唯恐不及，也难怪人们会觉得长寿如同诅咒了。

温迪妮的诅咒

我脑海中浮现出法国寓言里一个关于诅咒的图像。这是个老故事，它讲的是仙女温迪妮（Ondine）发现丈夫帕列蒙（Palemon）在打呼噜，他刚刚做了对她不忠的事。温迪妮在愤怒中诅咒帕列蒙：只有醒着，他才能存活；一旦睡着，他马上就会死亡。从那时起，帕列蒙每时每刻都在疯狂地活动，他害怕一旦闭上眼睛，死亡就会袭来，所以片刻也不歇息。

延长版的三阶段人生给我们的感觉就像是温迪妮的诅咒。像帕列蒙一样，我们要无可奈何地永远工作下去，无论多疲惫，都知道自己承担不起停下来的代价。17世纪的政治哲学家托马斯·霍布斯（Thomas Hobbes）将人生描述为"讨人厌、野蛮而短暂"。这番描述很著名，而唯一可以让它更为糟糕的就是：讨人厌、野蛮而漫长的人生。工作从未停歇，无聊没有尽头，能量耗尽，机会错失，晚年只剩贫穷和悔恨，这便是那个诅咒。

可我们并不这样看。毫无疑问，许多人会工作更久，但工作不一定是如温迪妮的诅咒一般狂乱而疲惫的活动。我们有真正的机会摆脱三阶段人生的限制，以更灵活、更积极的方式度过此生。那就是享受丰富职业的多阶段人生，其间可以休息，可以过渡。事实上，我们相信，这是使长寿变成天赐礼物的唯一途径，也是避免温迪妮诅咒的唯一方法。然而，重新规划人生并不简单，你个人、雇用你的企业和组织以及政府和社会，都牵涉其中，将发生巨变。

重新规划人生，归根结底是一个与时间有关的主题：活100岁，我们拥有的时间就更多了。如果用小时来计算，一个星期有168个小时，活到70岁，一生约有61万个小时，活到100岁约有87万个小时。你将如何分配额外的时间？你将用这些时间来做什么？如何安排不同的人生阶段和活动？无论是工作日或周末，是年假或法定假日，还是三阶段人生，时间规划与安排实际上是一种社会结构。如果我们的寿命延长，我们将拥有不同的建构、可供选择的次序和重新设计的社会结构。

这次不一样

我们将从根本上重新设计人生。这个过程是循序渐进的，而且已经持续进行了许多年,它将以一场社会经济革命而告终。正如技术和全球化逐渐改变了我们的生活方式,为了最大程度地发挥百岁人生的功用而做出的改变,也会使我们的生活有所不同。以下是我们认为生活会随之发生的一些变化。

◎ 不到七八十岁不退休

在伦敦商学院(London Business School)为攻读MBA(工商管理硕士)的学生开设的有关百岁人生的课程中,我们请他们设想一下自己的人生可能出现的情景。他们很快想到了财务问题,我们立马问:"如果你们活到100岁,将大约10%的收入存起来,并希望退休后拿到最终薪金的一半,你们最早可以在多大年龄退休?"答案是80多岁(我们会在第2章展开计算)。那一刻,所有人都沉默了。要充分利用长寿这份天赐礼物,每个人就都得面对不到七八十岁不退休这个真相。事实就是这么简单。

◎ 新职业和新技能的出现

在接下来的几十年中,随着一些传统职业的消失和新型职业的出现,劳动力市场将出现大幅变动。100年前,农业和家庭服务业提供了大量的工作岗位。今天，从事这一职业的人数已经缩小到仅占劳动力的一小部分，而办公室工作的比例骤然上升。展望未来，随着后台处理、销售和市场营销、办公室管理和行政等各种工作被机器人和人工智能所取代，这种变动将持续下去。在人类寿命较短、劳动力市场相对稳定的时代，一个人的职业生涯只需要用到他在20多岁时已经掌握的知识和技能，而不需要任何重大的再投入。如果你现在得在一个快速变化的就业市场上工作到七八十岁，那么，要维持生产力就不再是靠重温生疏了的知识，而是要留出时间来重新学习和掌握新技能。

◎ 不是解决了财务问题就万事大吉了

本书的两位作者，一位是经济学家，一位是心理学家，但我们的不同视角不是互相排斥的。事实上，要了解百岁人生对我们有何影响，整合这两种不同的视角至关重要。过上幸福而高效的长寿人生，就是要做出理性的选择和动态的规划，这也和身份角色以及影响未来生活的社会因素有关。

要过好这一生，我们需要仔细规划，以平衡财务与非财务、经济与心理、理性与情感。对于百岁人生来说，解决财务问题是必要的，但金钱远远不是最重要的资源。家庭、友谊、心理健康和幸福感都是组成百岁人生的关键部分。

绝大多数与长寿有关的辩论都在谈论财务和养老金问题，但为百岁人生做打算不仅仅是要维持财务稳定。如果你的技能、健康和情感都消耗殆尽了，你的事业也不会长久，你也不会在财务上取得成功。同样，如果没有坚实的财务支撑，你也无法将时间投入那些财务之外的关键事务。要在短暂的人生中达成平衡是艰难的，尽管这在寿命更长的人生中会更为复杂，但我们有更多的机会实现这种平衡。

◎ 人生将由多个阶段组成

虽然有些人已经对三阶段人生进行了多样化试验，但对于大多数人来说，它仍然是一种主导模式。我们在本书中构建了一系列未来情景，将70年的三阶段人生模式延续到80年，再延续到100年。在百岁人生中，三阶段人生模式想要继续有效运转，唯一的办法是把就业这个第二阶段大幅延长。这或许可以帮助我们实现财务平衡，但它无法帮我们在其他重要事项上达到平衡。随着时间拉长，这种模式真是无比艰难、无比累人，而且老实说，也无比乏味。

相反，多阶段的人生将出现。想象一下你有两三个不同的职业，可能其中一个需要长时间工作的职业可以使你的资产最大化；在另一个阶段，你想要在工作与家庭之间实现平衡，或者让自己的生活围绕一份对社会有巨大贡献的工作运转。长寿这份天赐礼物意味着，你不必被迫做出这样或那样的选择。

◎ 过渡会成为常态

当人生从三个阶段向多个阶段转变，人生的过渡也会更多。三阶段人生中，有两个关键的过渡：从受教育到就业的过渡，以及从就业到退休的过渡。随着人生可分成的阶段越多，过渡也就越多。这很重要，因为现在很少有人能够实现或是熟练地进行多次过渡。要充分利用好漫长的多阶段人生，意味着你要对这些过渡泰然处之。灵活变通，获取新知识，探索新的思维方式，从不同的角度看待世界，妥协于权力更迭，让旧伙伴随风而去，建立新的关系网，这些转换技能需要我们剧烈地改变视角，还需要真正的远见卓识。

◎ 新的人生阶段会出现

以前也曾经有过这样的事，在20世纪，人生出现了两个新的阶段：青少年阶段和退休阶段。我们相信，更多新的人生阶段会在未来几十年里被创造出来。现在，在18~30岁的人中就出现了一个新的阶段。正如长寿和更多的教育对青少年这个概念的流行起促进作用,青春期之外的年龄群体也在发生改变。这个群体已经开始对可望的更长寿命做出了回应,他们保留了选择的余地,并在探索新的选择。同时,他们也在摆脱过去几代人在他们这个年纪会做的承诺,转而追求其他的生活方式和选择。这些新的人生阶段是真正的天赐礼物,它们创造了一个用于尝试的机会,这个机会可以让我们建立自己想要的生活。看看你的周围,有的家庭或朋友也许已经在尝试新的人生阶段。

◎ 再创造比娱乐更重要

有了更多的过渡期和新的人生阶段,更大的投入需求也随之而来:转变身份以扮演新的角色,创造不同的生活方式,发展新的技能。寿命更长的人生有更多时间,这份礼物为时间或精力投入创造了空间。历史上,这一投入出现在人生的第一阶段,也就是接受全日制教育时期。当人生变成多个阶段的时候,这种投入则贯穿整个人生,包括传统上被视为闲暇的时间。

将闲暇时间用来学习技能、提升健康和增进感情,听起来或许有点儿吓人。闲暇时间通常被视为消费时间,人们做的不过是躺在沙发上看电影,扬帆远航,或者是玩电脑游戏。拥有的时间更多,闲暇时间也会更多,但把握闲暇时间中消费和投入这两者的平衡，对于寿命更长的人生来说至关重要。在寿命较短的人生中，把闲暇时间主要用来放松是有道理的。在寿命更长的人生中，闲暇也将为投入创造空间。也许百岁人生这份礼物的一部分就是重新塑造我们对于闲暇时光的使用方式——更少地关注消费和娱乐，更加注重投入和再创造。

◎ 人生不再单向度

在三阶段人生中，首先要受教育，接着要就业，然后是退休，这是一种单向的线性发展方式。许多人遵循这些阶段顺序，接下来的行动都确定无疑，而且可以预测。人们没有过多的机会或选择，公司和政府也不需要应对人们各种各样的需求。因此，现在很多组织机构的选拔、培训和升职策略都建立在三阶段人生的基础上。

多阶段人生有全新的里程碑和转折点，为我们创造了多种可能方式，排序的方式也不再取决于三阶段人生的逻辑。相反，它将深受个人喜好和环境的影响。

重要的是，当步调一致消失时，与年龄有关的推测也将消失。现在，如果有人告诉你他是本科生，你就知道他多少岁，因为他所处的人生阶段揭示了他的年龄。如果他是高级经理人，你对他的年龄和迄今为止的事业成就可以猜得八九不离十。在多阶段人生中,这种情况就不复存在了。你可以是本科生,但没有人可以从这一信息中准确地推断出你的年龄。"年龄"不再等同于"阶段",这些新的阶段将与年龄越来越没有关系。

它带来的影响是深刻的。社会中的很多东西都基于一个隐含假设,即年龄与阶段是等同的,公司人力资源实践、市场营销和政府立法等都把年龄和人生阶段紧紧地绑在了一起。我们要给它们松绑。

◎ **选择会越来越重要**

长寿的人生里会有更大的变化和更多的选择,选择也就变得更加重要。当一个人选择做某事时,也意味着他选择不做别的事。做出决定意味着放弃更多的选择。在金融世界中,选择是重要,而且可以估值。期权(option)的价值取决于期权的有效期和世界所存在的风险。

关于人生的决定也是如此。随着寿命越来越长,改变的机会也越来越多,选择会越来越重要。百岁人生带来的一个直接影响是,寻找更多的选择并保持选择的长时段开放性。前人对婚姻、家庭、房屋和汽车购买的传统承诺都被进一步推迟了,这是18—30岁的人所拥有的一个全新人生阶段。在此期间,他们拥有开放的选择。

选择对于我们的一生都很重要,在多阶段人生中更是如此。对这些选择的投入和保护将成为人生规划的重要组成部分。

◎ 青春更长

人们通常认为寿命更长就是老年时光更长。有证据表明,这一传统看法将被扭转,而且人们的青春时光会更加长久。

它的表现形式有三种。首先,正如我们所看到的,一些18—30岁的人的生活方式与前几代人不同,他们通过保持选择的开放,追求更加灵活多变的生活。其次,随着过渡越来越多,人们将保持更大的灵活性。进化生物学家将其称为"幼态延续"(neoteny)——青少年时期的特征延续到了成年时期,这有助于提高我们的灵活性和适应性,也有助于我们不受传统习惯束缚。最后,年龄不再与人生阶段挂钩,会使忘年交越来越多,因为追求同一个人生阶段目标的人所处的年龄段不再相同。当步调不再一致,年龄不同的人在一起相处会增进代际理解,帮助年纪更大的人保持年轻。

◎ 家庭与工作的关系会发生转变

人们更加长寿，养育孩子后剩下的岁月就更多，这很可能会减少性别不平等，改变人际关系、婚姻和子女养育。

传统观点认为，家庭是一个专业分工的地方——男人工作，女人照顾家庭和孩子。这种情况近几十年来已经有所变化。随着越来越多的妇女成为上班族，双收入家庭已是一种常态而非特例。然而，家庭角色虽然已发生改变，男性就业仍然是三阶段人生故事中一贯的主流。虽然妇女更有可能拥有多阶段的人生，但这仍然不被视为常态。

人们的关系会因更加长寿而发生改变，部分原因是当家庭成员都在工作时，他们更容易实现财务和储蓄目标。而且，由于双方都在开展多阶段人生，他们必须在踏入不同的人生阶段时相互配合，在不同的时期相互支持。即将出现的家庭形态将远远广于传统的家庭结构，这个即将到来的事实，将给公司和政府政策带来巨大的压力。

这将为促进性别平等提供更多动力。三阶段人生模式之下，人们对工作和事业的态度僵化而刻板。到目前为止，由于女性仍然是主要的照顾者，对灵活化工作模式和职业标准的呼吁主要是由女性领导发出的。随着三阶段人生模式的结束，男人们也要用更灵活的方式来应对他们的人生新阶段。

◎ 代际复杂性

三阶段人生导致青年、中年和老年之间的割裂。在多阶段人生中，新式家庭关系结构，以及年龄与阶段不再挂钩这一事实，将扭转这种代际孤立模式。

更为戏剧性的是，一个家庭中将出现四世同堂的情况。随着预期寿命的增长速度快于女性生育年龄的增长速度，我们将看到更为复杂的家庭结构和不断变化的代际关系。

◎ 尝试会越来越多

有一件事情显而易见：未来会出现许多先驱者。个人、社区、公司或政府都无法确定如何才能为百岁人生提供最好的支持。我们几乎没有任何榜样可以借鉴，因为即使是那些活到100岁的人也很少想到自己可以活到100岁。那些活着的人现在必须为可望的长寿人生做好规划。越是年轻，你可以尝试的就越多，重新开始和重新计划的机会也就越多。如果你已人到中年，你可能已经跟随着父母的脚步，完全按照三阶段人生规划在走。现在越来越清楚的是：三阶段人生模式让预期寿命更长的我们感到拘束。

因此，我们所有人都在试图寻找解决的办法，以及如何才能为百岁人生提供支持。我们写下这本书，目的是提供一些线索和见解以应对未来可能发生的事。但事实是，没有人能准确地知道未来会发生什么。想明白了这一点，整个社会将看到越来越多的新尝试和多元选择。

◎ 即将到来的人力资源大战

我们相信，百岁人生对于人类来说是一份天赐礼物。重新设计的多阶段人生为每个人提供了相当多的选择和相当大的灵活性，并帮助人们更好地权衡工作与休闲、职业与家庭、财务与健康。然而，对于企业，特别是企业中的人力资源部门来说，这一切听起来如同一场噩梦。企业喜欢的是老一套的、简单的、可预测且易于运行和实施的体制。所以，如果大量的机构抵制这些变化，你也不要惊讶。但到处都在进行尝试，最终个人对灵活性和多样选择的渴望，将压倒公司对体制和可预测性的需求。然而，这将是一场艰巨的对抗，它的结果也许要到几十年后才能见分晓。

毫无疑问，步调一致和把年龄等同于人生阶段这两种做法都将承受很大的压力。毫无疑问，对于一些公司来说，吸引聪明和熟练的工人对于它们来说非常重要，它们意识到改变策略的商业优势。但并不是所有的公司都会意识到这一点，大多数公司都不会像个人那样渴望更大的灵活性。这有可能成为一个类似于工业革命时期，劳资双方为了工作时长和工作条件交战的战场。

◎ 政府要应对的挑战

百岁人生涉及人们生活的方方面面，因此，政府就有了大量有待处理的政务。到目前为止，政府的注意力仅限于退休问题，但它们必须越来越多地考虑教育、婚姻、工作时间和一系列更广泛的社会安排。在百岁人生中，确保财政供给很重要，但是，调整人们在一生中的生活和工作方式更重要，这才是政府机构需要探讨的问题。

目前的政策是在三阶段人生模式的棱镜之下制定出来的，它过多地关注人生的最后一个阶段。百岁人生会影响到每一个人，而不仅仅是老年人，而且涉及的问题不仅仅是调整养老金水平，也不仅仅是调整退休年龄。建立一个全新的监督和立法体系是政府的首要任务，它们能够帮助人们更大地发挥多阶段人生的功用。

也许，政府面临的最大挑战是健康不平等以及如何确保穷人能够保持健康长寿。预期寿命的增长并不是每个人的寿命都相同，各国穷人和富人之间的寿命差距正在以前所未有的速度拉大。很明显，我们为充分利用好百岁人生而探索出许多选择，最容易获得这些选择的是那些具有专业或技术背景以及高收入的人。长寿需要资源、技能、灵活性、自知之明、规划和受人尊敬的雇主。危险在于，长寿的礼物只会对那些收入和教育水平高的人打开，因为他们可以构建出改变和过渡要求他们构建的东西。因此，政府关键是要从现在开始，制定一揽子措施，以帮助那些不那么幸运的人实现长寿所需的过渡和灵活变通。我们不能容忍只有少数有特权的人享受美好的长寿人生。

我是谁

经济、金融、心理、社会、医药和人口都是影响寿命长短的力量。然而，从根本上说，这是一本关于"你"以及你可以如何规划人生的书。你会有更多的选择，也会经历很多变化。这些因素使你关注你的主张、你的价值以及你希望以什么作为自己人生的根基。

《金融时报》周六版有一个互动板块，其中会问一些著名人士："20岁的你会如何评价现在的你？"在本书中，我们想把这个问题里的两个时间换一下位置。我们不去问20岁的你会如何评价今天的你，我们想请你考虑一下70岁、80岁或100岁的你会如何评价现在的你。你能确定现在做出的决定能经得起未来的你来审视吗？

这不仅仅是一个语言上的智力游戏，我们相信这个问题直达长寿的核心。当生命短暂时，你对"我是谁"的概念没有多少洞悉或改变。然而，当生命变长，是什么将一个人经历的转变连了起来？是什么使你仍然是你？

身份、选择和风险问题是度过长寿人生的核心问题。长寿意味着更多的变化，更多的人生阶段意味着要做出更多的选择。你所经历的变化和选择越多，你的起点对你的影响就越小。所以，你要用与前人不同的方式思考自己的身份。你的寿命越长，你的身份就越反映出你的工作，而不是消极地回应你工作开始时的状态。你的前人不必有意识地考虑，要积极地应对如此多的明显变化，也不需要发展应对变迁的能力。长寿人生是充满变迁的人生，其中一些变迁还会伴随着其他东西。但对于许多人来说，他们没有任何同伴可以提供支持。随大流是不行的。我们的前人在某种程度上不需要考虑自己是谁，而现在我们每一个人都要思考"我是谁"，我们要如何构建我们的生活，以及这将如何映射出我们的身份和价值观。

这本书是我们为那些知道无法从过去预测未来的人而写的，他们想要了解选择而不仅仅是约束，想要积极影响自己现在和未来的工作和生活。对于想要最大程度地把长寿人生变成礼物而非诅咒的人们来说，这本书是向你发出的一个邀请，它邀请你迈出享受这份礼物的第一步。

绪论注释

1. Oeppen, J. and Vaupel, J., "Broken Limits to Life Expectancy", *Science* 296 (5570) (2002): 1029–31.
2. From "A Letter to Jean-Baptiste Le Roy (13 November 1789)", first published in *The Private Correspondence of Benjamin Franklin* (1817).

LIVING

第 1 章

生活篇
天降长寿

THE GIFT OF A LONG LIFE

回忆一下你认识的小孩子——可以是你 8 岁的妹妹、10 岁的女儿，可以是你的侄子又或是住在你附近的一个小男孩儿，你会发现孩童对生活有着旺盛的热情和精力。你可以想象到，他们不受责任和义务的约束。令人感到宽慰的是，即使世界在变，世界各地的孩子仍然表现出对人生的肯定。而且，他们当然也会让你想起自己的童年时光。

然而，你也会发现他们的童年与你的童年并不相同，因为他们似乎凭直觉就理所当然地接受了许多使你感到震惊的技术创新。但是，你们不仅童年不同，成年也会不同。图 1.1 所示为他们成年生活的一些参数，这些是人口学家对他们可能达到的寿命进行计算得出的数据。如果你正在回忆的孩子出生在美国、加拿大、意大利或法国，那么他有 50% 的机会活到 104 岁以上。如果你想到的孩子出生在日本，那么根据推测，他竟然可以活到 107 岁。

你可能很容易想到一个 8 岁的孩子，但是我们想请你找一

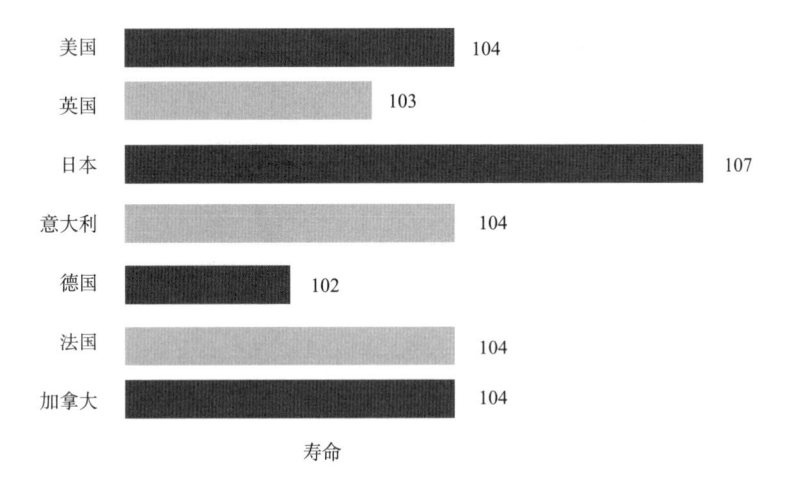

国家	寿命
美国	104
英国	103
日本	107
意大利	104
德国	102
法国	104
加拿大	104

图 1.1　2007 年出生的孩子有 50% 概率达到的最长寿命预期
来源：加州大学伯克利分校与马克斯·普朗克研究所人口研究中心共建的"人类死亡率数据库"（Human Mortality Database）

下另一个年龄组的人——你认识多少百岁老人？也许你一个都不认识，也许你可以相当自豪地想到你已经 100 岁的祖母或外祖母。但事实是，你并不认识多少百岁老人，而且自然地对那些你认识的百岁老人感到骄傲，这说明百岁老人是多么罕见。要了解 8 岁的小孩子与百岁老人之间的差异，我们可以将图 1.1 中的未来数据与过去的数据进行对比。追溯至 1914 年，当年出生的人活到 100 岁的可能性为 1%，这正是为什么今天你很难看到百岁老人的原因。他们活到 100 岁的概率太低了。

但再看看图 1.1，在 2107 年，活到 100 岁将不再是稀罕事儿。事实上，这将成为一个常态。到 2107 年，你认识的那些 8 岁孩子中有一大半都还活着。

长寿这个不一般的转变，其背后的影响因素既不是一个简单的偶然因素，也不是突然的变化因素。事实上，在过去 200 年的大部分时间里，人类的预期寿命都在稳定增长。更准确地说，目前可获得的最佳数据表明，自 1840 年以来，预期寿命每年增长 3 个月，也就是每 10 年增长 2~3 年。图 1.2 显示了 19 世纪 50 年代以来这种增长所带来的惊人影响。真正惊人的是，预期寿命在这段时间的增长很稳定。如果我们重点关注世界上任何一年的最高平均预期寿命（人口学家称之为最佳实践预期寿命），会发现用一条直线就可以很好地把它描绘出来。也许更重要的是，这种趋势没有任何趋于平缓的迹象，表明这种现象一直到不久的将来都会持续下去。所以，2007 年在日本出生的孩子有 50% 的概率活到 107 岁。到 2014 年，这一概率已经有所提升，当年降生在日本产房的新生儿有 50% 的概率活到 109 岁，而不只是 107 岁。

100 年前，人们活到 100 岁的概率很小，而现在，8 岁的小孩子活到 100 岁的概率很大。那处于这两者之间的人呢？这对于你来说又意味着什么？答案很简单，你越年轻，就越有可能活得更长。让我们看一下图 1.2 中的曲线，这个变化的轨迹表

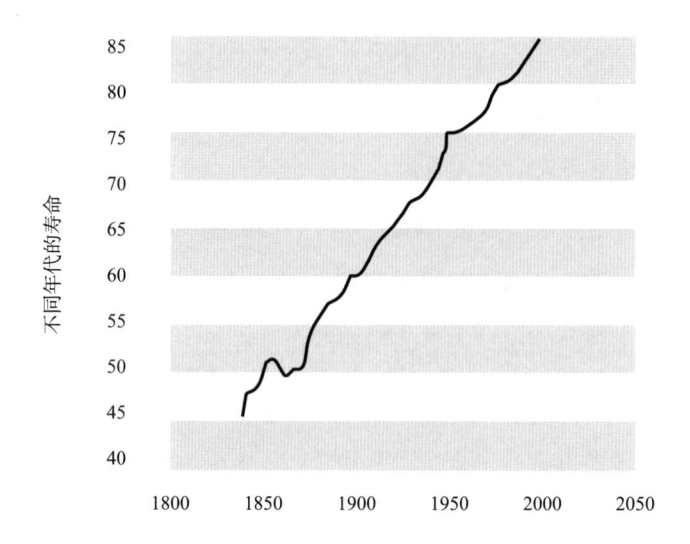

图 1.2　不同年代最长寿命预期

来源：根据加州大学伯克利分校与马克斯·普朗克研究所人口研究中心共建的"人类死亡率数据库"提供的数据计算得出。进一步的解释，参考吉姆·厄彭（Jim Oeppen）与詹姆斯·沃佩尔（James Vaupel）的《突破寿命预期的限制》，《科学》，2002年5月，第296卷

明，基本上从1840年开始，预期寿命每10年就增长了2~3年。因此，如果2007年出生的孩子有50%的概率活到104岁，那么1997年出生的孩子有50%的概率活到101~102岁；1987年出生的人是98~100岁；1977年出生的人是95~98岁；1967年出生的人可能活到92~96岁；1957年出生的人可能活到89~94岁，以此类推。

图 1.2 中，预期寿命的稳步增长经历了各种不同的阶段。婴儿死亡率的下降带来了预期寿命的首次大幅增长。如果你现在生活在一个发达国家，你几乎想象不到婴儿死亡率在过去有多么可怕。英国维多利亚时期的经典作家曾描述过这些发生在年轻人身上的悲剧：在《老古玩店》(The Old Curiosity Shop)的结尾，小耐儿（Little Nell）死时只有 14 岁；而在《简·爱》(Jane Eyre)中，罗伍德学校（Lowood School）伤寒流行，简在最亲爱的朋友海伦（Helen）死亡之际，把她抱在了怀里。这些不是特殊的戏剧故事，查尔斯·狄更斯（Charles Dickens）和夏洛蒂·勃朗特（Charlotte Brontë）只是在叙述发生在他们周围的常见事件。如图 1.2 所示，从 20 世纪 20 年代起，儿童和婴儿死亡率的降低很大程度上提高了预期寿命。导致小耐儿和海伦死亡的传染病，例如结核病、天花、白喉和伤寒，都开始消失。政府鼓励在医疗卫生服务方面进行创新，营养标准提高，人们被教导采取更为健康的生活方式。

预期寿命第二次大幅增长得益于中老年慢性疾病问题（特别是心血管疾病和癌症）的改善。20 世纪的小说家不再描述儿童的死亡悲剧，但他们本身也受到那个年龄的慢性疾病影响。1930 年，夏洛克·福尔摩斯（Sherlock Holmes）的创造者亚瑟·柯南·道尔爵士（Sir Arthur Conan Doyle）死于肺炎，享年71 岁。1964 年，詹姆斯·邦德（James Bond）的创造者伊恩·弗莱明（Ian Fleming）死于心脏病，享年 56 岁。随着时间的推移，前期诊断、更好的治疗和干预，以及更好的公共教育——尤其是与健康有关的教育，比如吸烟带来的挑战——都对人们的健康起了促进作用。正如诺贝尔奖获得者安格斯·迪顿（Angus Deaton）教授所说，致命疾病的流行已经从婴儿的肠道和胸腔转移到了老年人的动脉之中。[1]

预期寿命的下一次大幅增长将得益于老年疾病问题的解决。老年人的预期寿命的确已经有了很大的提高。1950 年，英格兰男性 80 岁死亡的概率为 14%，现在已下降到 8%，90 岁死亡的概率已经从 30% 下降到了现在的 20%。以前，活到 100 岁十分罕见，许多国家对此都会有所表示，以示对百岁老人的认可。例如在日本，任何年满 100 岁的人都有资格获得一个酒器——一个银制的清酒碗。1963 年推行这种做法时，日本只有 153 个百岁老人，但到 2014 年，发出的清酒碗已经超过了 29350 个。英国对百岁老人的认可方式是向百岁老人寄出来自女王的贺卡。10 年前，只有一个人负责卡片事宜，现在则是七个人，因为要送出的卡片数量增加了 70%。看一下图 1.2，我们可以做出预测：酒器制作和信件写作者的数量将大大增加，而实际上，在日本，酒器这个传统 2015 年就已经停止了。

当然，预期寿命增长的背后有很多偶然因素：健康状况改善，营养更充足，医疗更优质，技术更先进，卫生条件更好以及收入更高。人类学家对于到底哪个因素起了最重要的作用还有争论。共识在某种程度上是存在的，塞缪尔·普雷斯顿（Samuel Preston）影响深远的著作或许就是最好的体现。他估计，在影响寿命增长的因素中，收入增长和营养充足虽然占了大约25%，主要因素还是传病媒介控制、药物和免疫方面公共卫生的革新。[2] 公共卫生和教育是寿命增长的关键因素，比如以吸烟和预期寿命为主题的群体运动的影响。

◎ 无论出生于何处，你都会更加长寿

值得注意的是，图1.1和1.2中的所有数据都来自较为富裕的发达国家。现在，在发展中国家，如今出生的孩子可以活到100岁的会相对较少。然而，展望未来，提高发达国家预期寿命的力量正在促进发展中国家预期寿命的提高。正如西方出现了儿童死亡率下降、收入增加、营养更充足以及医疗保健改善等现象，世界其他地方也出现了类似的现象。较贫穷国家预期寿命的起点比富裕国家低，但总体上，同样受益于预期寿命的增长。

拿印度来说，1900年，该国人口的预期寿命为24岁，而美国为49岁。到1960年，美国的预期寿命已经增长到70岁，而印度只有41岁，两国之间的寿命差距扩大了。然而，随着印度经济腾飞，这一差距已经缩小。到2014年，印度人口的预期

寿命为 67 岁。联合国人口预测专家估计，印度预期寿命的增长速度应该为每 10 年增长 2 岁左右。印度预期寿命的起点比美国的要低，但是它几乎在以同样的速度增长。世界上的许多国家也是如此，尽管百岁人生最早的亲历者是发达国家，但它正在成为一个全球现象。

◎ 你会永生吗？

让我们再看看图 1.2，想象一下寿命轨迹如何才能继续增长。你可能会问自己，预期寿命已经在以每 10 年 2~3 岁的速度增长，人的生命有没有极限呢？今天出生在西方国家的孩子大多数都可以活到 100 岁以上，但为什么到那里就止步了呢？为什么不是 150 岁或 200 岁，甚至更高？

与大多数科学争论一样，很多人对这种看法持反对意见。许多讨论都集中于人类寿命是否有自然极限，如果有的话，会是多少。[3] 悲观主义者认为，营养的改善以及在降低婴儿死亡率方面的重大突破已经十分显著，富贵病、久坐的生活方式和越来越多的肥胖症会阻碍预期寿命的进一步增长。

其他人则更为乐观，他们认为公共教育将仍然是提高预期寿命的强有力的杠杆，再加上技术革新，两者会继续推动人类寿命的延长。在历史上，公共教育、技术成就、前期诊断和更有效的治疗结合在一起，有助于克服上述预期寿命的增长局限。为什么不继续这样以进一步延长人类寿命呢？这组乐观主义者的观点确实是近乎幻想，他们认为人类的生命是没有自然极限的，科学进步和技术将使预期寿命达到几百岁。

谷歌的工程总监雷·库兹韦尔（Ray Kurzweil）就持这种观点。他领导了一个人工智能团队。在与他的医生特里·格罗斯曼（Terry Grossman）合著的书中，他描述了通往300岁寿命的三座关键桥梁。[4]第一座桥梁是遵守最佳实践医疗建议，以充分延长生命，从即将到来的生物科学革命搭建的第二座桥梁获益。然后再到第三座桥梁，它能使我们从纳米技术创新中受益，人工智能和机器人将对老化的身体进行分子水平的重建。这就是老年学乐观主义者的观点，他们认为生命的自然极限比现在想象的要高出一个数量级。

哪一派的想法才是正确的，这个问题的答案明显有着巨大的影响。图1.2表明，如果有极限，我们似乎还没有接近这个极限。如果寿命确实是在接近峰值，最佳实践预期寿命将开始趋缓。但在过去的20年中，预期寿命仍然在以同样的速度增长。作者倾向于适度乐观主义者的观点：我们认为，也许到了110岁或120岁，预期寿命的增长就会开始减缓。当然，没有人知道哪种观点才是正确的。但对于我们来说，最重要的事实是，百岁人生的概念不是科幻，也不是对未来的狂野猜测，更不是少数幸运儿才能达到的上限。这个问题之所以令人如此着迷，是因为有令人信服的证据表明，今天出生的婴儿，寿命将远超 100 岁。

在结束长寿这个主题之前，我们还要考虑一个技术问题。如果你读了很多与长寿有关的文章，会注意到，人们对人类实际寿命的预测是互相冲突的，部分原因在于，计算预期寿命的方法不止一种。说明一下，让我们回到前面你回忆起的 8 岁孩子。要预测他的预期寿命，人口学家必须考虑其成长中的死亡风险。看一个 8 岁的孩子可以活多久时，他在 55 岁（本书作者的平均年龄）的预期年龄是多大？47 年之后，当这些 8 岁的孩子真到了 55 岁时，他们的预期寿命与我们现在的预期寿命会是一样的吗？又或者是在这 47 年里公共教育和卫生技术方面的进一步创新让 55 岁的他们拥有更长的预期寿命呢？

显然，这个问题的不同答案将产生相差甚远的预期寿命。如果人口学家认为，这些 8 岁的孩子到了 55 岁时的预期寿命与我们现在的预期寿命一样，此估量方法为预期寿命的时期估量（a period life expectancy measure）。但如果人口学家认为，这些孩子到了 55 岁时会受益于预期寿命的进一步增长，此估量方法为预期寿命的断代估量（a cohort estimate of life expectancy）。显然，使用断代估量得出的预期寿命会比使用时期估量得出的预期寿命长得多，因为断代估量考虑了未来可能的增长。我们在图 1.1 和 1.2 中显示的都是断代估量的数据，都假设了教育和医疗保健会继续促进预期寿命的增长。有趣而且重要的是，许多经济领域的预期寿命计算（例如为养老金而进行的计算）使用的是时期估量。这样，他们将未来的创新从寿命估算中抽离了出来。在我们看来，鉴于历史的趋势，这大大低估了未来的预期寿命，这就是为什么我们选择断代估量得出这样的数据。

◎ 你会更健康地老去

只有人生本身是好的，更长的预期寿命才是一件好事。如果预期寿命的增长快于健康寿命的增长呢？这就会导致霍布斯噩梦（Hobbesian nightmare）——虚弱流行病。当然，为了应对不断增长的寿命，许多评论家都在哀叹，为照顾老年人而支付的医疗费用越来越高。长寿显然与老年痴呆症或任何其他老年疾病一样不受欢迎。

但这并非要点。这不仅是人类会更长寿的问题。越来越多的研究人员也说，人类的健康寿命也会更长。换句话说，我们已经在见证病态年限的收缩。[5] 如果死亡与预期寿命和死亡时间有关，病态年限则和死亡之前影响健康的生活质量有关。

早在1980年，斯坦福大学医学教授詹姆斯·弗里斯（James Fries）就假设慢性疾病的初始发病时间推迟会比预期寿命的增长更快。这会将发病问题延迟到离死亡更近的时候，患上与衰老相关的慢性疾病（糖尿病、肝硬化、关节炎）的时间会更晚。弗里斯是一个乐观主义者，他相信预防医学、养生保健和教育的力量。他的乐观主义部分来自他进行的一些研究。首先，他对宾夕法尼亚大学的1700名校友进行了二十多年研究，后来又对一群跑步者进行了研究。他得出了清晰的结论：经常运动、不吸烟和控制体重的人，病态年限一般会被大幅延迟。在这一具有里程碑意义的研究之后，其他研究也证实了这一结论，例如在许多国家，人们第一次得冠状动脉疾病的平均年龄已经推后了，老年人的行走能力也在改善。

病态年限不仅仅关乎疾病问题，还关乎人们如何在衰老后保持照常生活的功能。人们对所谓的日常生活活动（ADL）做了一系列研究检测，包括对日常生活质量有重要影响的洗澡、控制大小便、穿衣和吃喝等。美国基于对两万人的日常生活活动研究得出的数据表明，随着时间的推移，老年人的行走能力和照常生活功能发生了相当大的变化。在1984—2004年的20年，85~89岁被列为残疾人士的人数从22%降至12%，而95岁以上的残疾人士则从52%降至31%。老年人似乎更加健康了，并且随着技术和公共服务的发展，他们的健康状况会进一步改善。一些研究同样表明，65岁以上残疾人的比例在长期持续下降，而且在近几十年，这一下降速度一直在加快。[6]

然而，虽然有许多研究支持，病态时间在压缩，但其证据并非无可争议。[7] 你能否健康地变老取决于多种因素，其中一些因素与你住在哪里以及你如何生活有关。例如在美国，有充分的证据表明人们可以健康地变老。但是，经济合作与发展组织（OECD）的研究显示，虽然12个国家（包括美国）中有5个国家的病态年限有所压缩，但3个国家的病态年限在增加，有2个国家保持不变，在其余2个国家，其病态年限一直没有增加也没有降低。[8] 各国之间的变化本身就很有意思，因为这证实了弗里斯的观点，即公共卫生、教育和行为变化是实现健康老年的关键，这不是一个自动发生的过程。

在想象如何度过长寿人生时，也许你最大的恐惧是自己可能在某种痴呆症中度过最后的人生岁月。这种担忧是情有可原的。认识百岁老人的人不多，但我们中的许多人都可能有一个患有痴呆症的近亲。事实上，在富裕国家，痴呆症正在成为衰老的主要风险：60岁的老人患痴呆症的比例为1%，75岁的老人为7%，85岁的老人中有30%患痴呆症。那么，这对于你来说意味着什么？加上使用核磁共振成像（MRI）扫描的脑成像技术方面的显著进步，这已经不可避免地成了重点研究的主题。认知增强剂（cognitive enhancers）是目前最令人兴奋的研究领域之一，科学家有望于20年内在该领域取得突破性进展。

老年学作为一门科学，正在迅速地从一个被认为是有点儿古怪和神秘的学科进入主流行列。几个主要诊所正积极从事这方面的研究工作，大量商业资本正在进入老年学竞技舞台。其中最突出的是，谷歌已经建立了Calico（加利福尼亚州生活公司），初步投资7亿美元。至于它的目标，用拉里·佩奇（Larry Page）的话来说，就是重点关注"健康、幸福和长寿"。

许多此类研究都始于这样一种观点，即细胞衰老是多种疾病引起死亡和病态的基础。因此，现在人们正在通过研究促进细胞存活更长时间，并继续自我修复来思索衰老过程本身，而不是专注于具体的疾病。这种做法已被证明可以大大延长酵母菌和小鼠的寿命，所以这一新生领域具有促进人类寿命延长的巨大潜力。但这项研究非常复杂，人体试验尚需时日，这是可以理解的。不可避免的是，在百岁人生中，我们需要很长的时间才能知道不同干预措施的影响。这是一个进展缓慢的领域，具有里程碑意义的突破可能少之又少。

但重要的是，我们得记住：当科学、知识和大量资金都用于克服某个挑战时，我们会大有所成。在查尔斯·狄更斯生活的时代，创新的重点是降低儿童死亡率；在伊恩·弗莱明生活的时代，创新的重点是解决中年人的疾病问题；现在，创新的重点则是在与老年疾病的对抗中取得胜利。

所以，当我们结束与长寿相关的讨论时，明智的做法是：不要简单地把健康生活100年当成目标，而应该将百岁人生当成你的预期寿命下限。

第1章注释

1. Deaton, A., *The Great Escape: Health, Wealth and the Origins of Inequality* (Princeton University Press, 2013).
2. Preston, S. H., "The Changing Relation Between Mortality and Level of Economic Development", *Population Studies* 29 (2) (July 1975): 231–48.
3. 根据正式资料，有史以来寿命最长的人是法国的让娜·卡尔芒（Jeanne Calment），出生于1875年，逝世于1997年，享年122岁。她的寿数已被收入吉尼斯世界纪录。
4. Kurzweil, R. and Grossman, T., *Fantastic Voyage: Live Long Enough to Live Forever* (Rodale International, 2005).
5. Fries, J., "Ageing, Natural Death and the Compression of Morbidity", *New England Journal of Medicine* 303 (3) (July 1980): 130–5.
6. Freedman, V. A., Martin, L. G. and Schoeni, R. F., "Recent Trends in Disability and Functioning Among Older Adults in the United States: A Systematic Review", *Journal of the American Medical Association* 288 (24) (December 2002): 3137–46.
7. 近期一项聚焦于188个国家的全球研究表明，对绝大多数国家而言，寿命预期比健康生活预期增长更快。例如，过去20年的日本，寿命预期增加了4年，而健康生命预期只增加了3年。在韩国，这两项数据是7年和6年，而美国则是3.5年和2.5年，西欧则是5年和3.5年。参见"Global, regional and national Disability Adjusted Life Years (DALYs) for 306 diseases and injuries and Healthy Life Expectancy (HALE) for 188 countries, 1990–2013: Quantifying the epidemiological transition", GBD 2013 DALYS and HALE Collaborators, *The Lancet* (2015).
8. Lafortune, G., Balestat, G. and the Disability Study Expert Group, "Trends in Severe Disability Among Elderly People: Assessing the evidence in 12 OECD countries and the future implications", OECD Health Working Paper no. 26.

FINANCING

第 2 章

财务篇
更晚退休

WORKING FOR LONGER

钱虽然重要，但在长寿人生中，钱不是最重要的，这是本书的主题之一。然而，大多数人的人生都始于解决金钱问题，所以本书也会先从金钱问题入手。我们首先对预期寿命和工作年限做了不同的假设，在此前提下，计算一个人要积累养老金必须存多少钱。我们这里只关注养老金，但在多阶段的漫长人生中，生活储蓄显然也会是关注的焦点。我们承认，只考虑养老金会导致我们对财务规划的观点较为狭隘。但这种观点虽然狭隘，却给予了我们一些清醒的见解。

当我们和其他人分享这些计算结果时，他们常常会因为沮丧而陷入沉默。事实很明显，你的寿命越长，你需要的钱就越多。这意味着要么存更多的钱，要么工作更长时间。这个逻辑既不可逃避，又令人灰心丧气。预期寿命增长得越多，储蓄率越高，工作年限也可能越长。这些额外岁月的恩赐已迅速变成了诅咒。为了得到礼物而付钱，没几个人愿意这样做。

这个财务现实还只是一个开始，我们的分析还没有结束。

正因为这些财务计算结果如此令人沮丧,所以我们要摆脱三阶段人生这种主导思想。一旦你摆脱了这种思想,就像本书接下来对这种思想的摆脱一样,即使你仍然要存更多的钱或工作更长时间,你可以以一种对你的非财务资产损害更小的方式来省钱和工作,以逃脱温迪妮的诅咒。这就是把长寿人生变成礼物的方法。

角色介绍

计算储蓄率和工作年限很复杂。数学计算虽然比较简单,但计算所依据的假设可能很复杂。你会赚多少钱,你的收入增长有多快,储蓄的收益如何?在工作生涯中,你的收入大概会是多少?你会有几个孩子?什么样的收入水平才会使你觉得快乐,你想留多少钱做遗产?针对这些问题,不同的假设可能会导致不同的结论。

由于这主要取决于个人情况和个人愿望,大多数大金融机构都使用专业软件来计算财务规划。因此,经济学家在创造极其复杂的生涯概述时,会将众多的动因纳入考量。[1]细节很重要。

关于百岁人生的影响,我们决定绕过这些具体的个人因素,给出一些财务建议。我们叙述了杰克(Jack)、吉米(Jimmy)和简(Jane)这三个人的人生。他们分别出生于1945年、1971

年和1998年，分别代表三代人，这让我们能够突出寿命更长分别会对他们造成怎样不同的影响。他们风格化的人生，旨在让你能够大体上对他们做出识别，以便你通过他们的经历，思考我们列出的变化会带来怎样的结果。

杰克的例子说明了三阶段人生（教育、工作、退休）跟他们这代人之间的完美契合，他的预期寿命是70岁。杰克的例子很重要，不是因为它描述了现在正在发生的事，而是它说明了为什么他这代人三阶段人生的成功会成为后来人强大的榜样。

吉米现在45岁左右，预期寿命为85岁，三阶段人生是他的榜样。他遵循三阶段人生的社会规范，但真相正在揭晓——三阶段人生对他并不适用。人到中年的吉米环顾四周，思索着事情如何才能好转。对于吉米来说，长寿的诅咒性质开始超过了它的礼物性质。正如下文所表明的，寿命更长可以是一份礼物，但吉米必须做好改变、转换和试验的准备，以增加天平中礼物这端的砝码。

简是一位年轻女性，对活到100岁充满了期待。她这一代人知道三阶段人生对于他们来说不再适用，他们一开始就在重新设计自己的生活轨迹。这是预期寿命最长的一代人，关于如何设计人生，他们有着最大的灵活性。我们希望他们中的许多人能够成为社会先驱。

我们承认，即使你很确定地识别出了其中的角色，你自己的人生却比之更为复杂和独特,你要根据自己的规划来考虑这些财务计算结果。写作本章内容不是意在以之替代适当的财务建议。虽然如此,这些程式化人物过于简化的人生也意味着我们应该谨慎对待这些精确的数值计算,但结果大体上是正确的。你的个人情况可能会有所不同,但总体上的影响对于许多人来说是有意义的。

◎ 做出假设

我们大多数人都想知道——也许是非常想知道——我们要工作多久,应该存多少钱。关于这两个问题的决定很重要,它们影响着你正在做出的许多日常决策。我们将说明杰克、吉米和简如何平衡他们的工作年限和退休年限。你可能会感到惊讶,但你要完全相信数据的准确性才能采取行动。为了建立这种信任,我们将详细描述我们所做的计算以及它们所依据的假设。

在这些简约的计算中,重要的关键假设只有四个:你的目标养老金、你的储蓄收益、你的收入增长率和你的理想退休年龄。[2] 考虑到这些假设,你可以算出在为了所需的养老金工作时,你需要存下多少钱。

为了使关于杰克、吉米和简的计算结果可比性更高,我们对这四个关键假设中的每一个都使用了相同的值。当然,很可能因为他们出生于不同年代，各个角色的投资收益和收入增长也不同。但这本书的关键信息是，长寿将带来变化。许多其他变量可能会跨越世代，但是对这些变化做出预测是不可信的，我们的目标是找出长寿的影响。

第一个假设与理想的养老金有关：我们假设这三个角色的目标养老金是每年达到最终薪金的 50%。我们将在第 7 章回顾这个假设的合理性，但现在我们最好注意到，这是一个适中而保守的目标。大多数人都想要一个在此基础上大幅提高的养老金，但我们把标准设定得比较低，这个储蓄水平可能的确处于你的假设下限。

第二个假设跟你期望的长期投资回报率有关。这是一个非常重要且具有争议性的金融话题，这个问题没有唯一的、简单的答案。你的风险偏好是其中的一个变数，为了说服投资者承担风险，风险资产的回报率比安全资产更高。所以投资回报率的三个组成部分是：无风险回报率（通常是政府债券利率，前提是政府不违约）、风险溢价（投资者从风险资产中赚得的钱）以及无风险资产和风险资产组合的平衡。无风险利率和风险溢价通常的变化周期是 10 年，不同的投资组合会带来差异很大的投资回报。因此，世界上没有大家都认可的唯一"黄金"数字，所以财务文献中对这个话题还有诸多争论。

埃尔罗伊·蒂姆森（Elroy Dimson）、保罗·马什（Paul

Marsh）和迈克·斯汤顿（Mike Staunton）的工作成果是一个重要的数据来源。[3] 他们每年都会对许多国家过去100多年的投资回报率进行估算。他们的报告显示，根据通货膨胀率进行调整后，美国在1900—2014年的无风险利率为2%，风险溢价为4.4%。也就是说，每年的股票增长比无风险资产（如政府债券）增长高出4.4%。因此，如果投资者的投资组合为安全资产和风险资产各占一半，则该投资者的投资收益率比通货膨胀率高4.2%（0.5×2＋0.5×6.4）。运用同样的方法，他们计算出英国的历史投资回报率为3.5%。在这一时期，美国、英国、日本、德国、法国和澳大利亚的投资回报率比通货膨胀率平均高2.8%。

这种情况会持续下去吗？现在，许多严肃的经济学家都预测，投资回报率将持续经历一段低迷期。这样，历史投资回报率的计算结果看起来还是比较乐观的。然而，鉴于我们关注的是百岁人生，我们更加乐意使用过去100年的历史平均值，而不是2015年的预测。否则，我们最多可以对未来10年的投资回报率做出准确预测。同样重要的是，我们要意识到这些计算结果没有减除税款和管理费用，而税款和管理费都会大大降低收益率。基于对多国的历史投资回报率进行计算得出的结果，我们把杰克、吉米和简的投资净回报率定在高于通货膨胀率3%。在几十年中，他们的收益率有时远远超过3%，有时大大低于3%，但假设他们漫长一生中的实际平均投资收益率为3%，似乎是现实的。

第三个假设与杰克、吉米和简的年收入增长速度有关。一般来说，随着年龄增长，人们的工资也会增长，以适应通货膨胀。生产力会随着时间的推移有所提高，人们会获得职位晋升，并承担更大的责任。但收入增长显然不是稳定不变的：经济衰退时，收入甚至会下降；在职位大晋升时，工资会大幅增长。考虑到这一点，我们认为收入会以每年高于通货膨胀率4%的速度稳定增长。[4] 这是一种乐观的估计，但对于职业生涯较为成功的人来说，这是可以实现的。

最后的假设与计划中的退休年龄有关。我们的初步计算结果是每个人都希望在65岁退休，这也是历史上传统的退休年龄。之后，我们会调查寿命更长时，延长工作年限可以在多大程度上减轻经济负担。

杰克创造的人生

我们的角色之一杰克出生于1945年，1962年17岁时高中毕业，20岁时完成了大学教育。他开始就业时，发达经济体正处于所谓的"黄金时代"。他是一名职业生涯很成功的工程师，并渐渐成为一名高级管理人员，但他的职业生涯并非一直一帆风顺。发达经济体受到了全球化、新技术以及经济衰退的冲击,他多次失业,不得不接受工作调动,但他的职业生涯总体上是不错的。他的家庭结构非常传统,妻子吉尔(Jill)负责照顾孩子并做了几份兼职,但杰克一直是家里的经济支柱。杰克在62岁时退休,2015年遗憾去世,享年70岁。[5]

杰克的财务状况如何?答案是:非常好。

杰克这一代人受益于三个不同的养老金资助来源:国家养老金、企业养老金和自己的私人储蓄。假设杰克的收入相对较高,并获得了他有权获得的最高社会保障金,他将获得价值约为其最终薪金10%的国家养老金。杰克很幸运,他工作的时候,大多数大公司都会提供企业养老金。考虑到他的工作年限,我们认为他足以获得等于他最终薪金20%的企业养老金。他还要支付剩下的养老金——存储足够的钱以支付等于最终薪金20%的养老金,使总养老金占最终薪金的50%。

杰克的另一个优势是他工作了42年,退休8年,所以他有5年多的时间为每年的养老金存钱。所以,杰克在养老金方面获得了很多帮助,他也有很多时间来为支付养老金而努力。

图2.1所示为杰克为支付养老金所需的储蓄水平。杰克需要在他工作年间的储蓄和退休期间的理想养老金之间找到平衡。对于杰克来说,这种平衡实现起来比较容易。如果他在工作时每年都能存下收入的4.3%,那么他可以支付他所期望的养老

杰克 1945—2015

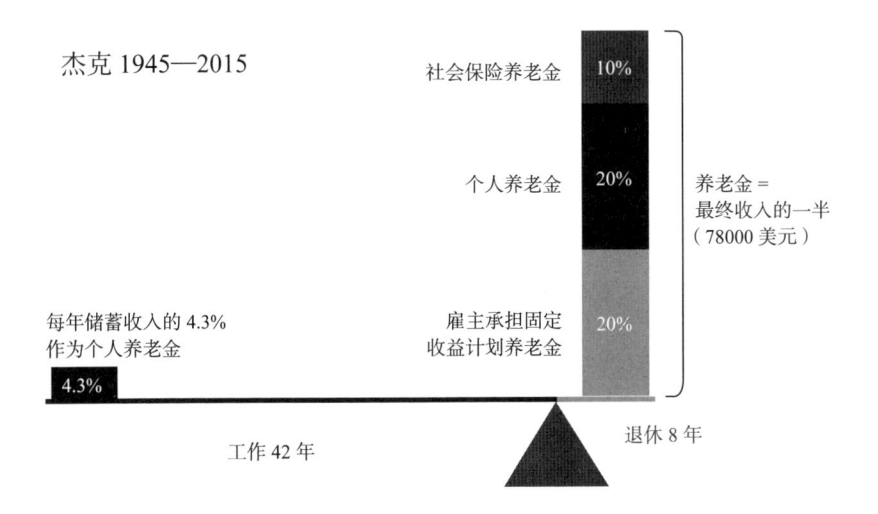

社会保险养老金 10%

个人养老金 20%

雇主承担固定收益计划养老金 20%

养老金 = 最终收入的一半（78000 美元）

每年储蓄收入的 4.3% 作为个人养老金 4.3%

工作 42 年　　退休 8 年

图 2.1　杰克的财务平衡

金。当然，这并不是杰克唯一的储蓄目标。他还要把钱省下来去还抵押贷款，又或者是支付子女的教育费用，或建立一个基金以备不时之需。他还要为实际寿命比预期寿命更长这种情况做好储蓄。但就为退休而做的储蓄来说，每年存下收入的 4% 是较为适中可行的。[6]

考虑到杰克的预期寿命以及他从国家和单位获得的资助，杰克的三阶段人生从经济角度来说可谓运作良好。但正如我们下文将要谈到的那样，这些养老金资助来源在吉米的时代正在消失。

◎ 正在消失的养老金

在讨论与预期寿命更长有关的话题时,最常见的经济议题是财政支付国家养老金的不可持续性,发达国家尤其如此。大多数富裕国家都有一个名为"账单到期即付"(Pay As You Go)的国家养老金计划。根据这个计划,目前的税收被用于支付目前的养老金。与资助计划不同的是,这些钱从来都没有被用于投资,而资助计划会把储蓄放进一个资金会随时间积累起来的基金,然后根据投资表现和贡献率支付养老金。

"账单到期即付"计划存在的问题是:人们的寿命更长了,但出生率却越来越低。当出生率下降时,潜在劳动力会比即将退休的人要少。这些趋势造成的结果是税收减少,但养老金支出增加。如果养老金政策保持不变,那么公共财政支付养老金的办法会难以为继,已经透支的政府债务水平预计会急剧升高。在日本这样人口预期寿命长、出生率急剧下降的国家,这个问题已经非常严重。

图2.2显示了这个问题在富裕国家的严重程度。老年抚养比率(the old age dependency ratio,退休年龄人数占就业人数的百分比)在许多国家至少翻了一番,日本受到的影响尤为严重。早在1960年,日本每10个劳动力就要抚养1个养老金领取者,老年抚养比率为10%。根据"账单到期即付"养老金计

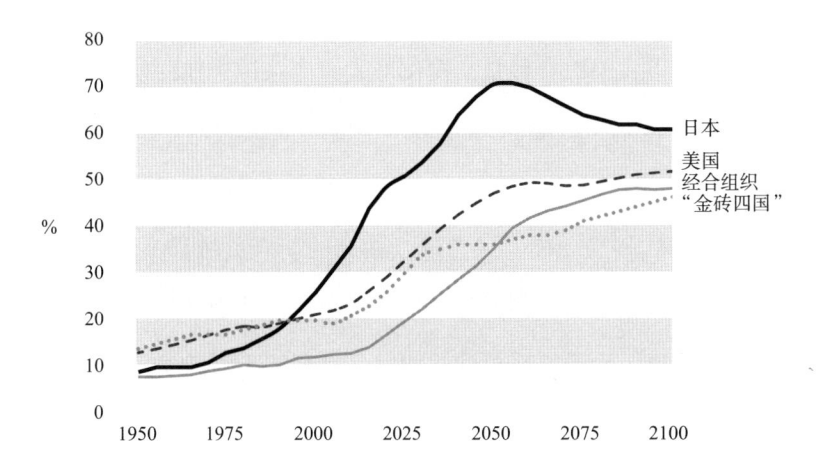

图 2.2　老年抚养比率
来源：经济合作与发展组织网站

划，这意味着 10 个劳动力有效地分摊了这份养老金费用。预计到 2050 年，日本的老年抚养比率将达到 70%，这意味着每 10 个劳动力要抚养 7 名养老金领取者。

在这样的趋势下，目前的计划显然已经难以为继。"账单到期即付"计划在设计上实际考虑的是杰克这代人。如果国家支付相当于薪金 30%~40% 的养老金，每 10 个劳动力就要抚养一个领养老金的人，当前劳动力要承受 3%~4% 左右的税率以支付养老金。但在一些国家，养老金额度越来越高，人们的退休年龄提前而且寿命更长了，造成可以支付养老金的劳动力更少了。所以，采取一种复杂操作形式的"账单到期即付"成了金字塔式骗局（pyramid scheme），即"庞氏骗局"或"马多夫骗局"。跟我们花出去的钱相比，我们的进账太少。和所有的金字塔式骗局一样，只有进入骗局的新成员数目不断增加，这个骗局才能继续。但发达国家出生率的下降意味着这是不可能的，这也揭示了"账单到期即付"计划的不可持续性。

当然，政府很久以前就意识到了这一点，并采取了一系列措施来扭转这一局面。改革往往是缓慢的，而且随着投票人口老龄化，养老金改革的阻力会越来越大。各个国家在改革的细节上有很大的差异，但其总的原则是一样的，即提高退休年龄以增加纳税年限，减少养老金的可申领时长，并将养老金更多地给予低收入和少资产者。

在经济合作与发展组织中，共有18个成员国提高了妇女的退休年龄，14个成员国提高了男性退休年龄。然而到目前为止，退休年龄的增长速度微乎其微：2010—2050年，男性退休年龄增长2.5年，女性退休年龄增长4年。这比预期寿命的预期增长要慢，因此我们预计养老金改革的趋势将持续或加速。

如果你是一个高收入者，意识到国家在养老金计划中将发挥更小的作用也是很重要的。例如，在2000年，一位富裕的英国养老金领取者可以获得价值超出最终薪金35%的国家养老金，这个比率到 2060 年将只有 20%。

国家养老金改革是缓慢的。相比之下，企业的职业方案却在快速变化。养老金计划费用高昂，大多数公司都不擅于此，而且寿命延长使企业养老金计划成了重大的财务负担。结果是，此类计划的数量急剧下降，而现有的计划则关闭了新员工的入会资格。例如，1987 年，英国私有企业养老金计划中有 810 万名成员；到 2011 年，这一数字已下降到 290 万。[7] 在美国，获得固定养老金的雇员人数从 1983 年的 62% 下降到了 2013 年的 17%。[8] 此外，即使是那些仍然运作的计划，也有许多在降低养老金额度以实现财务稳定。

现在，企业养老金计划稀缺，国家养老金额度减少，我们知道了一条简单的压倒性信息：储蓄的负担正在越来越多地转移到了个人。换句话说，杰克必须支付其总养老金的 40%，剩下的部分由国家和雇主支付。吉米和简将不得不自己支付更大比例的养老金。

我们一直在重点关注发达国家的政府及其在"账单到期即付"计划上所面临的问题，但重要的是要认识到，将养老金支付转移到个人，这种潜在压力是全球性的。

正如第 1 章所述，新兴市场的人口预期寿命正以发达经济体曾经的人口预期寿命增长速度增长，只不过这些新兴市场的人口预期寿命增长开始的基数较低。新兴市场生育率下降的情况也是如此，但与西方相比，其下降仍然是滞后的。随着新兴市场中人们的收入增加和女性受教育程度提高，其生育率也会随之下降。换句话说，新兴市场同样在经历寿命更长和出生率更低这样的组合，造成了"账单到期即付"计划的不可持续。

新兴市场往往会避免使用"账单到期即付"的国家养老金模式，也就不足为奇了。这对于这些国家来说是个好消息，因为这意味着它们可能不必像发达国家那样消耗公共财政。然而，虽然它们不会经历由养老金引发的公共财政危机，但这确实意味着养老金依然必须由自己而不是国家来支付。不实行"账单到期即付"养老金计划，可能意味着不会发生公共财政危机，但这样做的结果是许多人都得不到国家提供的养老金。

吉米——三阶段人生的绷紧

我们现在把注意力转移到1971年出生的吉米身上来，他的预期寿命为85岁。[9]我们正在调查三阶段人生的财务状况，所以我们假设吉米在1992年毕业时21岁，打算工作到2036年，退休时65岁。像杰克一样，他希望养老金等于最终薪金的50%。然而，我们会为吉米做出一个重大改变：我们的计算基于他无法获得企业养老金这一假设。尽管我们上面提到了国家养老金改革，但我们继续假定他获得了等于他最终薪金10%的国家养老金。

图 2.3 所示为吉米的财务需求。杰克每年必须存下收入的 4.3%，才能在 65 岁退休，但吉米每年必须节省 17.2%。实现平衡对于吉米来说比较棘手。他无法受益于企业养老金，所以必须支付双重养老金；而且，与杰克不同的是，他的工作年限为 44 年，退休年限为 20 年。所以杰克的工作年限与退休年限之比大概是 5:1，吉米大概是 2:1。每年储蓄率达到 17.2% 是一个很高的目标，我们中很少有人某一年的储蓄率可以达到 17.2%，更不用说每年了。英国方面的数据证实了这一点。在 2000—2005 年，储蓄率最高的年龄组为 50~55 岁，而他们的平均储蓄

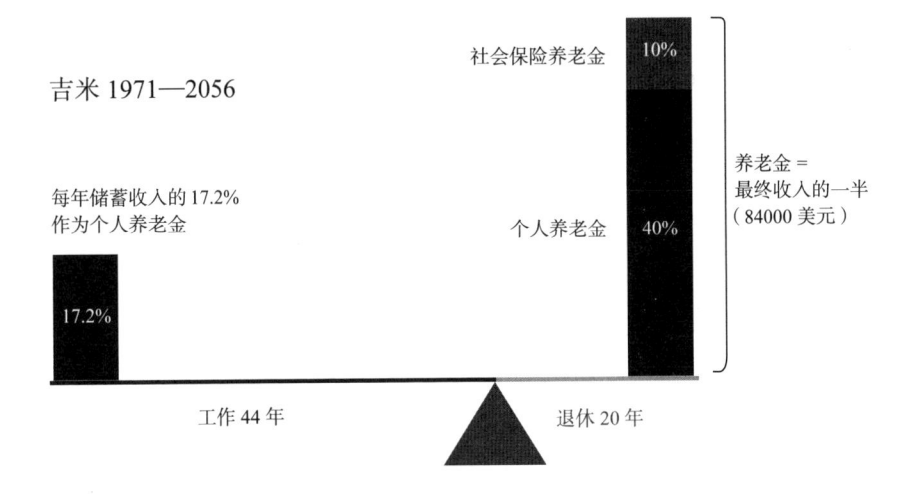

图 2.3 吉米的财务平衡

率只有其收入的 5.5%。[10] 不管你生活在哪个国家，我们为吉米的储蓄率设定的都是一个非常高的目标。还要记住的是，这只是为养老金做的储蓄。为了支付他的抵押贷款和其他重大开支，吉米还必须节省更多的钱。养老金的价值只有最终薪金的 50%，也是相当保守的假设。这对于吉米来说显然是一种非常紧张的财务模式。

要实现这一平衡，我们还有其他的选择，而且可以通过吉米来对这些选择进行探索。你不必在 65 岁时退休，可以延长工作年限以减轻财务负担。或者你可以在 65 岁甚至更早的年龄退休，但是要大大降低对养老金的要求。在图 2.4 中，我们计算出吉米可以选择的整体组合结果，给出了基本假设。据该图表所示，假设预期寿命为 85 岁，在不同年龄（57 岁、60 岁、65 岁、70 岁和 75 岁）退休实现一定水平养老金所需的储蓄水平（最终薪金的 20%、40%、60%、80% 或 100%）。

例如，如果吉米渴望养老金价值为最终薪金的 50%，但决定工作到 70 岁，给自己留下 15 年的退休时间而不是 20 年，情况又如何呢？在这种情况下，他只需要 13% 左右的储蓄率。每工作一年就得储蓄一年，养老金就会少一年。相反，如果他仍然在 65 岁退休，要实现薪金 30% 的养老金替代率（pension replacement rate）只需要储蓄收入的 8%。

然而，由于 50% 的薪金替代率假设已经很低，那么看图

2.4，更可能实现平衡的方式就是延长工作年限。如果考虑将 10% 作为合理的储蓄率（数据显示，这对于大多数人来说仍然是一个雄心勃勃的目标），并希望达到 50% 的替换率，那么吉米要一直工作到 70 岁出头。

有证据表明，人们已经开始延长工作年限了。图 2.5 所示为过去 30 年，英国和美国 64 岁及以上人群的参与率，该参与率衡量的是经济活跃人口的比例。在这两个国家中，无论男性还是女性，到 64 岁或 64 岁以上仍在工作的人口比例大幅增加。

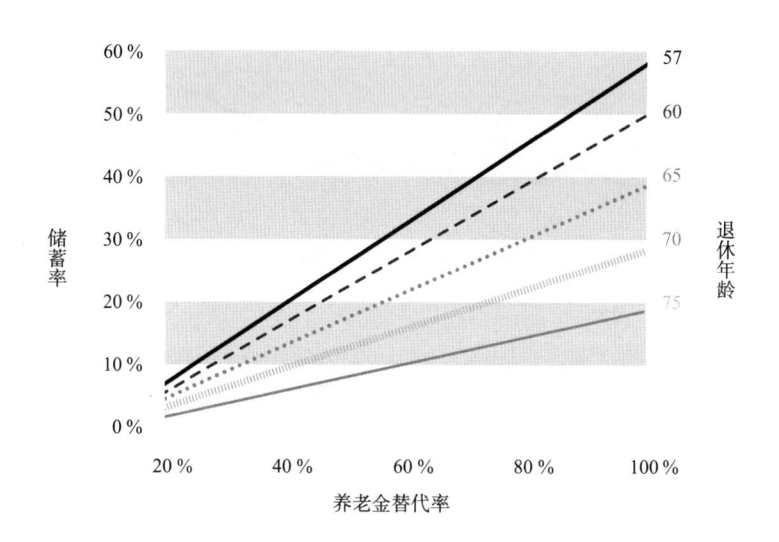

图 2.4　85 岁时的储蓄率和退休年龄

在美国，64 岁以上的男性中大约有 1/4 正在工作或正在找工作，而 1984 年的比例则为 1/6。显然，参与率将继续上升，甚至涉及更高的年龄组别。

有趣的是，退休年龄更小是一个比较流行的现象。例如在 1881 年的英国，65 岁及 65 岁以上的男性在上班的比例为 73%，这一比例到 1984 年下降到了 8%。在 1880 年的美国，80 岁的人中有近半数在从事某种形式的工作，65—74 岁的人中有 80% 以某种形式受雇于人。这一比例在 20 世纪曾出现急剧下降，但图 2.5 中的数据表明，这个过程现在正在发生逆转。

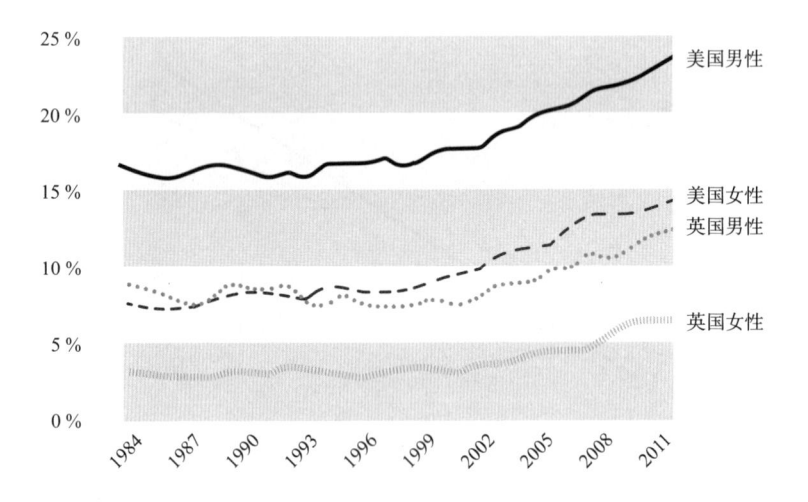

图 2.5　美国和英国 64 岁以上人口的参与率
来源：英国国家统计局和美国劳工统计局网站

简——三阶段人生的崩溃

简出生于 1998 年,她在 2016 年庆祝 18 岁生日,并期待自己的预期寿命可以达到 100 岁。[11] 简的预期寿命比吉米多 15 年,直觉上很明显的是,简会发现三阶段人生和 65 岁退休超出了她的财务负担范围。如图 2.6 所示,简需要每年节省 25% 的收入来实现养老金达到最终薪金 50% 的目标。

一辈子的储蓄率维持在这样的水平实在太高了。这不仅远远高于今天大多数人的储蓄水平,而且仅仅是支付养老金所需的储蓄水平。简将不得不存储比这更多的钱以偿还抵押贷款、

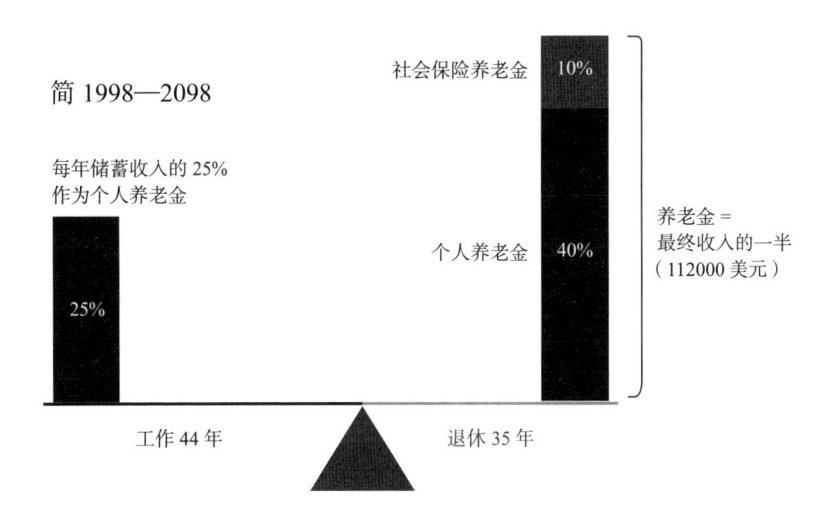

简 1998—2098

每年储蓄收入的 25%
作为个人养老金

25%

社会保险养老金 10%

个人养老金 40%

养老金 =
最终收入的一半
(112000 美元)

工作 44 年　　退休 35 年

图 2.6　简的财务平衡

大学学费和其他主要支出。还值得指出的是，在我们的计算中，我们假设简获得的国家养老金水平与吉米的相同。但正如前面的讨论所表明的，这种情况是不可能的。如果简无法获得国家养老金，那么她所需的储蓄率就会上升到31%。还要记住的是，因为杰克的三阶段人生在经济上运转良好，他可能会为他的孩子留下遗产。如果简的父母像吉米一样过着三阶段的人生，但在经济上并不宽裕的话，那么她不可能从遗赠中受益。很明显，65岁退休后活到100岁的三阶段人生在经济上是无法实现的。

当然，退休时光长达35年的三阶段人生不奏效的原因不止这一个。对退休人员的研究表明，长时间的不活跃会导致认知恶化和生活满意度降低，35年可以打无数次高尔夫了。

当然，像吉米一样，简可以选择延长工作年限，缓解储蓄压力。图2.7所示为她可以做出的各种选择。如果她对相当于最终薪金30%的养老金感到满意，那么她在工作阶段的储蓄率达到10%，就可以在70岁的时候退休。但是请记住，30%的养老金替换率很低，而且在这种情况下，未来的30年里，简都要领取这样低的养老金。她的养老金将被固定为退休时最终薪金的30%，10~20年后，工资一定会大幅上涨，这样，简的收入水平和其他人的收入相比就很低了。养老金等于20年前薪水的30%，这跟今天的工资相比是很低的比例。所以，如果还是要养老金替代率至少达到50%和储蓄率在10%左右，那么简

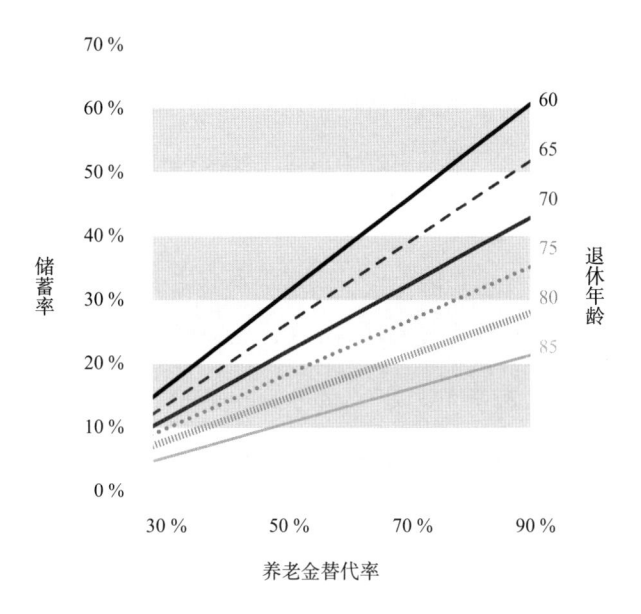

图 2.7　寿命为 100 岁的储蓄率和退休年龄

将必须工作到 80 多岁。[12] 与杰克相比，她多了 30 多年的人生，但从图 2.7 可以看出，她可能要多工作 20 年。这算是礼物还是诅咒？

伴侣

我们目前是在孤立地看待杰克、吉米和简的人生，没有把他们的家人纳入考量。很明显，如果他们各自的伴侣也在工作，那么解决长寿人生中的财务问题就会容易一些。使之变得容易的原因有两个：一个是家庭中形成了规模经济，另一个是家庭净收入也一定会上涨。

呈现规模经济是因为：一间房子不会住了两个人就比住一个人贵一倍，一顿饭也不是两个人吃就比一个人吃贵一倍。经济学家在"成人等价规模"（adult equivalence scales）中描述了这种效应，而经济合作与发展组织认为，要达到同一生活水平，两个成年人的家庭收入只需比一个成年人的家庭收入高50%。因此，如果两个成年人都在工作，他们每个人存储更少的钱（每人25%）就可以达到靠自己一个人时的生活水准。由于家庭收入现在增加了，这也理所当然地减轻了他们的储蓄负担。

我们之后会讨论伴侣的重要性，以及为何伴侣会在百岁人生中越来越重要。但这并不能消除在这样长的一段时间里，维持伴侣关系要应对的挑战。值得思考的是，尽管双方都工作，可以带来财务优势，但其中也伴随着陷阱。如果双方的收入都很高，他们面临的诱惑是根据目前的收入模式所养成的生活习惯。如果他们的养老金是其最终薪金的50%，这可能意味着生活水平的急剧下降。只有不将高收入水平时的消费习惯固定下来，两个人都工作，才有助于储蓄。

别了，三阶段人生

我们的分析表明，当寿命延长时，大多数人除了延长工作年限之外别无选择。我们说的延长不是指延长几年，对于简来说，她要多工作十几年。如果工作年限没有延长，积累足够的储蓄来支付相当于工作生涯一半长的退休生活是非常困难的。"账单到期即付"计划越来越难以为继，这对于那些正在缩减国家养老金的国家来说更甚。对于大多数人来说，这些计算结果表明我们需要储存更多的钱，工作更长的时间，这或许比我们设想的必要程度还要多，而且可能比我们愿意接受或目前能力所及的还要多。

这个结论既不受欢迎又非常讨人厌。延长工作生涯既不吸引人，而且听起来，人生很累。然而，这个结论本质上不吸引人，是因为我们只凭过去推断未来，并假设这一漫长工作生涯的结构将遵循传统的三阶段人生模式。如果我们能够想出更好的创意，摆脱三阶段人生模式，那么这些选择将更有吸引力。

这并不简单。令人惊讶的是，三阶段模式在很多职业规划和长期的财务规划中是多么根深蒂固。麻省理工学院的弗兰科·莫迪利安尼（Franco Modigliani）因为生命周期假说（Life Cycle Hypothesis）方面的工作成果获得了诺贝尔经济学奖，每本经济学教科书都在通过概述三阶段人生对这一成果进行解释。

甚至"养老金"这个词都从原来意指"定期付款"变成了法院最爱用来反映三阶段模式的一个词。很明显，我们在这里讲到的寿命更长和财务结果，意味着三阶段人生模式已经死亡，因为三阶段人生在财务上奏效的唯一办法就是创造一个漫长的第二阶段用于工作，但正如我们将要说明的那样，这归根到底会对生产率和活力等非财务资产造成不良影响。我们稍后会更详细地思考一个残酷的第二阶段对非财务资产的负面影响，但即使是从这一简短的讨论来看，我们也知道这样做显然会带来诸多挑战。

挑战之一是，长时间的退休期虽然听起来很诱人，但不可能给予我们所珍视和需要的刺激和同志情谊。但如果延长的第三阶段是有问题的，持续工作的第二阶段被拉长也是有问题的。

就业格局的变化也将使三阶段模式面临越来越大的压力。正如我们在下一章中所讲的那样，在未来几十年，新技术将出现涨落，一些行业会发展起来，另一些则会消失，全新的职业将出现并取代现有的职业。杰克工作了42年，他刚刚设法把他20岁出头时接受的技术教育与60多岁学到的东西联系起来。我们很难想象，简如何在她80多岁的时候做这样的事情。在简的一生中，她将不得不把时间投入学习新技能和拥抱新技术，以回应就业市场的动态。回归教育贯穿了简的一生，简的人生将从三阶段模式转变为多阶段模式。

我们还要应对非财务资产的挑战。如果简的第二个阶段是被延长了的长久工作阶段，她该如何保证健康和活力？她如何维护与伴侣、孩子和其他亲属的关系？在长时间连续工作的第二阶段，不仅是简的知识和技能会恶化，她的人际关系质量也可能会恶化。老实说，我们能假设，有人可以没有休息和休假，也没有机动变化，一直工作到80岁吗？你能想象得出来吗？

对杰克管用的模式，吉米会觉得不好用，而简会觉得根本没法用。

这真是妙极了。我们想要埋葬三阶段的工作和生活方式，并考虑用经过重新设计的生活方式取而代之，使长寿人生成为一份充满活力、创意和乐趣的礼物。对于大多数人来说，长寿人生的主线会是工作。我们接下来会转向就业形势的变化，然后开始构建场景，向大家展示吉米和简如何在长寿人生中获得比杰克更多的机会，使人生更高效、更有激情和创造力。

第2章注释

1. 可以参考我们的同事所做的研究：Campanale, C., Fugazza, C. and Gomes, F., "Life Cycle Portfolio Choice with Liquid and Illiquid Assets", *Journal of Monetary Economics* 71 (2005): 67–83；or Cocco, J. Gomes, F. and Maenhout, P., "Consumption and Portfolio Choice over the Life Cycle", *Review of Financial Studies* 18 (2) (2005): 491–533.
2. 我们这个简单模型的优势是其简约性，让我们的计算便于理解，尽管值得指出的是，这只是一个非常简单的模型。我们假设，你每年都会省下一笔钱，然而，经济学中的标准生命周期和永久收入假设模型会让你在收入高的时候存钱，在收入低的时候取钱。在你工作期间，你的收入会按照某个比率增加。实际上，经济学家所说的"收入图表"都是驼峰形，初期增长迅速，然后缓缓地到达顶点，接着是往下滑。忽略上述假设可以让我们的计算变得简单，也方便在这三个人之间进行比较。本章中，我们也完全不考虑家庭开支或其他需要重复计算的债务，原因详见第 7 章。毫无疑问，这种简单的假设排除了一些重要的数据，所以并不作为个人财务的建议。不过，我们的简单模型却能抓住要害，用以陈述我们的观点。

3. 资料来源：https://publications.credit-suisse.com/tasks/render/file/?fileID=AE924F44-E396-A4E5-11E63B09CFE37CCB
4. 请注意，此处也做了简化处理。收入增长率受各种因素影响，每个时代也都不同，三位主人公杰克、吉米和简的收入增长速度也受他们工作所在地区的影响。参见 Miles, D., "A Household Level Study of the Determinants of Incomes and Consumption", *Economic Journal* 107 (1997): 1–25. 作者在文中估算了不同职业的收入如何受年龄的影响，我们采用他的方法订正了我们的计算。
5. 本书中的杰克是虚构人物，我们在讲述时会有所限制。据美国政府估计，1945 年出生的男性，其寿命预期约为 72 岁。我们使用 70 岁这个数字以符合该预期。
6. 杰克几乎不可能每年都将收入的 4.3% 存下，而是将他赚得最多的年份的收入和他的孩子留给他的钱存下。显然，如果有几年你没有存钱，那么你就需要按照高于 4.3% 的比例来存钱以作为补偿。不过，职业生涯早期的收入，相比后来一般比较低，这并不意味着收入较高年份的储蓄率必须翻倍。
7. 参见美国国家统计局的 "Pension Trends", Chapter 7: Private Pension Schemes Membership 2013 Edition.
8. Ellis, C.D., Munnell, A.H. and Eschtruth, A.D., *Falling Short: The Coming Retirement Crisis and What to Do About It* (Oxford University Press, 2014).
9 此处通过使用英国国家统计局官方数据估算，如果吉米出生于 1971 年，现年 45 岁（本书写作于 2016 年），他的断代估量预期寿命为 87 岁。
10 Crossley, T. and O'Dea, C., "The Wealth and Savings of UK Families on the Eve of the Crisis", Institute for Fiscal Studies Reports (July 2010).
11 根据英国政府官方断代估量预期寿命估算，如果简出生于 1998 年，按照平均估算，她的预期寿命将是 93 岁，而更乐观的估算则是 99 岁。这些当然是所有人的平均数据。如果简出生在一个顶尖收入家庭，她的预期寿命还会更长。
12 这些简单的计算会带来一堆问题。我们假设，在你的职业生涯期间，你的收入会按照某一固定增长率持续上升。好消息是，这意味着你将有更多钱来应付退休后的财务问题。坏消息是，我们假设你想要的是达到相当于最终薪水一半的退休金收入，收入上升也意味着你必须储蓄更多的钱。你的收入上升得越快，你的最终薪水也越多（也就意味着退休金要求更难达到）。在我们的模拟计算中，这就是为何人们的收入上升，他们需要储蓄的钱也越多。另一项猜测可以这么说，先不管你何时退休，你想在 65 岁拿到相当于最终薪水一半的退休金。这就会让你在工作年限越来越长的情况下想要储蓄更多钱，同时切开与退休年龄的关联。应用在简的身上，如果她每年保持 10% 的储蓄率，她在 75 岁退休时可以拿到相当于她 65 岁时的薪水一半的退休金。那么，麻烦来了。如果将她的退休金基于 10 年前的薪水水平（也就是她满 100 岁之前的 35 年）来计算，相较于其他人，那将是很低的退休金。进而言之，更好的假设可能是，65 岁之后的收入会下降（现实情况中的收入数据确实是随年龄增加而下降）。在这种情况下，简后期的收入会变少，她这辈子不得不提升储蓄率以保证退休金充足。如果我们假设，她到了 65 岁之后，收入仍然保持不变，她想得到相当于 65 岁时的薪水一半的退休金，同时还想将每年的储蓄率维持在 10% 的水平，那么，她不得不工作到 77 岁才能实现这些。如果她在 65 岁之后收入下降，还想保持 10% 的储蓄率，那么她起码得工作到 80 岁。我们一开始已经说清楚了，我们所举的例子都是经过简化的，如果你打算做决定，得去寻求一些详细的财务建议。本条注释是为了说明我们的简单假设是存在局限的。

WORKING

第 3 章

工作篇
就业形势

THE EMPLOYMENT LANDSCAPE

我们目前已经指出，很多人会更加长寿。为了支付长寿人生中的各项支出，他们的工作年限会更长。在这个更长的工作生涯中，就业形势将发生戏剧性的变化，要做出正确的职业选择，从而为更长寿的人生提供资金支持，我们需要了解这一转变的就业背景。

这立即引出了更加长寿带来的一个主要问题。温斯顿·丘吉尔（Winston Churchill）说过一句很有哲思的话："向前看永远都是明智的，但高瞻远瞩总是困难的。"我们很难对未来做出预测，越是遥远的未来，不确定性也越大。在百岁人生中，不确定性的范围大大增加。

回顾过去的100年，今天的百岁老人已在他们的一生中阅尽千帆：两次世界大战，战争拼杀从骑兵转向了核武器；第一次全球化浪潮的结束和第二次全球化浪潮的涌现；旧中国的没落和后来新中国的崛起；电力、广播电视的出现；早期的福特T型车（Model T）；第一次商业飞行；当然还有第一次载人月球飞行以及互联网的兴起。在家居方面，他们会看到自动洗衣机的出现，广泛采用的室内管道以及吸尘器，更不用说拉链和胸罩的引进了！

稍稍回顾一下这些变化，我们就知道，预测100年后的百岁老人所能看到的发展，明显是荒谬不可行的。处理这种不确定性是长寿人生的重要组成部分。假设变革的步伐依旧，更加长寿的人经历的变化将比过去的人多得多。正如许多技术专家声称的那样，变革的步伐正在加快，他们会更加深刻地体会到变革。实际上，对于那些更加长寿又注定要工作60年的人来说，他们的工作对象、工作类型和工作方式都将发生重大变化。

但是，对未来就业形势做出具体的预测是愚蠢的，通过汲取过去的经验，考虑当前力量的轨迹，我们可以得出一些远见卓识。对于那些一定长寿的人来说，与未来工作有关的远见是至关重要的。在思考未来可能出现的行业时，我们首先通过最广的镜头对未来的就业形势进行探索，然后来检视一个正在发展中的现象——智慧城市（smart city），最后详细查看工作和技术以及迅速转型的劳动力市场中可能的赢家和输家。

新行业和新生态系统

◎ 行业改变

我们从行业格局变化问题开始。图 3.1 所示为美国就业形势在过去 100 年间的变化。1910 年，1/3 的劳动力是农民或农场工人，但现在从事这些职业的人只占劳动人口的 1%。再加上劳工和家政服务从业者，他们在 1910 年占美国就业人口的一半。到 2000 年，就业形势发生了巨大变化，其中一半的美国就业岗位变成了办公室工作：专业人士、文职人员和管理人员。展望未来，随着信息技术兴起，机器人技术与人工智能快速发展，环境问题日益突出以及人口老龄化的影响，经济会做出反应，就业形势会发生更多的转变。[1]

在应对原始经济供需矛盾时，一个经济体的结构会随时间演变发生巨大变化。一些行业会急剧萎缩。例如农业部门，农业在 1869 年占美国 GDP（国内生产总值）近 40%，到 2013 年只有 1%。这是由于技术上的改进，特别是机械和化肥方面的进步，使得农业生产力显著提高，潜在供应量也大大提高。但是，人口虽然增加了，他们对食品的需求与收入的增长并不成比例，所以供给大于需求造成了食品价格下降。价格下降的结果是农业生产总值大幅下跌，大量农业工人失业。

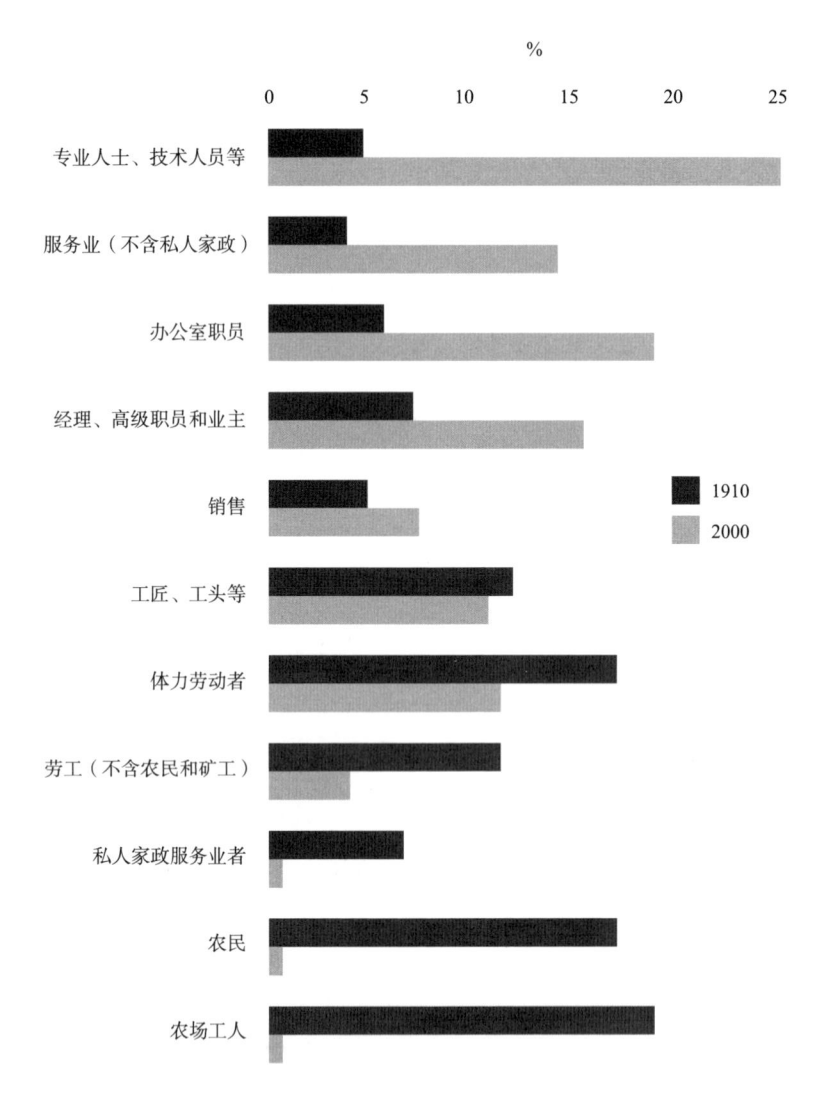

图 3.1　1910—2000 年的就业结构

来源：《20 世纪就业变化》，I. D. 怀亚特、D. E. 赫克，美国劳工统计局每月劳工报告，2006 年 3 月

其他行业则大幅上涨。与农业相比，服务业在经济中的份额从1929年的40%上升到2013年的65%左右。这是因为，随着生活越来越富裕，人们就需要更多的服务。休闲行业的发展就很好地体现了这一点。20世纪，随着休闲时间的增加，休闲产业发展迅速，电影院、体育俱乐部和健身中心等设施的数量大大增加。然而，与生产率大幅提高的农业部门不同，休闲行业的生产力往往不会增加———一个瑜伽教练或美发师的生产力怎么会大幅提高呢？需求不断增加，生产力却没有相应地提高，服务价格因此上涨，吸引了更多的劳动力进入该行业。价格上涨，就业和产出增加，大大提高了服务业在国内生产总值中的份额。

这种演变是历史常数，但正因为这是一个常数，新一代百岁老人会经历更多的转型和更替。未来会如何转变？我们的工作会是什么？

人口对就业的影响是我们要考虑的因素之一。随着人口增长，人口会对经济产生重大影响。老年人口更多创造的需求效应，行业和市场价格会做出回应。所以，比如说，专注于长寿和生物工程的医学研究会成为重要的增长部门，服务部门将转向医疗和服务供应。

环境和可持续问题也将对价格、资源以及不同行业的相对规模产生重大影响。我们正处于能源供应大幅度转变的节点，如果能源继续短缺，能源价格上涨，那么能源创造和资源节约方面将出现重大创新。食品供应也可能出现激进创新，特别是将基因工程和解决健康问题相结合的创新。日益加深的水资源短缺问题将改变定价，水资源丰缺、供应和循环利用的商业重要性增加。

同样，对环境可持续性和二氧化碳排放的担忧也可能导致碳税的出现。这反过来又会导致价值的大幅度转变，新产业、新企业和新技术的兴起。因为减排，计算机采集和碳替代会成为数十亿的产业。

◎ 新生态系统出现

大量的行业变革会出现，人们在掌握的技能和可能的工作地点方面更灵活。人们的工作对象也会发生重大变化。耶鲁大学的理查德·福斯特（Richard Foster）计算出，在20世纪20年代，标准普尔500指数（S&P 500）公司的平均寿命是67年，到2013年已经减少到了15年。回望过去，1984年富时100指数（FTSE 100）榜上的100家英国企业中，只有30家仍在今天的指数榜上。新行业出现涨落，新公司接管成为主导力量。所以出生在1945年的杰克在选择应聘公司时变化不多。我们可以预测，1998年出生的简，会看到她所在公司和部门的诸多变化，她也不可避免地会为多家不同的公司工作。

几位评论家还预测，人们工作的公司类型会发生巨大变化。如图 3.1 所示，随着大型现代公司的兴起，办公室就业出现了大幅增长。这些企业提供了具有系统结构的规模经济，并展现了经济的持久特征。有些人将这类公司视为组织时代的恐龙，并预测他们将屈服于出现在他们周边的小而灵活的公司。有一些信号表明，这可能是真的。技术使得工人之间的协调变得容易，小规模公司具有大型企业难以具备的灵活性。支持这种观点的论据是：随着技术的进一步发展，例如 3D 打印技术的兴起，大型企业的众多规模优势将消失。在撰写本文时，我们认为，没有证据可以证明这一点。例如联合利华和百事可乐这样的大公司有扩大和调动能力，使他们几乎能够将产品交付到世界各个角落，我们认为未来仍会如此。其他公司，例如谷歌和罗氏制药（Roche pharmaceuticals），它们有上十亿美元的研究预算，并且具备吸引世界上最聪明的人来开发下一代技术或药物的能力。

然而，大公司虽然会继续存在，但毫无疑问，它们的结构会发生改变。在未来的企业格局中，大型企业将越来越多地被小型企业和初创企业生态系统所围绕。这些由员工更少但通常更专业的企业组成的生态系统将成为增长点。事实上，一些最有趣的工作可能就出现在这些生态系统中。这已是一个明显的事实，因为像三星和安谋控股（ARM）这样的公司已经建立了非常复杂的联盟生态系统，使他们能够与数百家企业合作，提供尖端的技术和先进的服务。[2] 在制药行业，有重大意义和影响的基础研究往往来自关注点非常狭隘的小型专业公司，这些公司有时只专门研究一个特定的领域。此类公司数量增加，并且能够参与竞争，因为技术减少了参与此类研究的障碍。我们期望这些小公司生态系统能够蓬勃发展，变得更有价值。这些领导者可能是为了将其发展成未来的大公司才创立了这些小企业，也有另外的领导者是因为对要解决的挑战充满激情才创办了这些企业。

这些生态系统的兴起将提供各种各样的就业机会。大型企业的规模和管理机会仍然存在，但增长更多的，将是更小企业单位、更加集中和灵活的就业。

在想到简可能的百岁人生时，生态系统模式的灵活性使得某些阶段的自我雇用成为可能。将个人与想要购买个人技能的公司联系起来的技术，正变得越来越全球化，越来越便宜和先进。这些连接平台正在涌现，对"零工经济"（gig economy）和"共享经济"（sharing economy）的评论越来越多。技术变革降低了信息成本，使买卖双方可以更容易地找到对方，通过独立来源确定彼此的可靠性和质量也更加容易。

零工经济是指，越来越多的人不通过全职或兼职工作获得收入，而是通过完成多个连续买家的一系列具体任务获得佣金。现在可以通过Upwork（一个在线自由职业网站）等平台销售你的技能，或者在InnoCentive（创新中心，一家开放式、创新型研究公司）或Kaggle（一个数据建模和数据分析竞赛平台）上做出创造性贡献，吸引顶尖的项目工作，获得投资或奖项。这些平台会越来越重要，因为大型企业正日渐寻求小团队或个人洞察力和创新能力的帮助，而小团队则寻求相互联系，以建立规模和扩大影响范围。公司会用奖金来吸引感兴趣的个人和团队，与他们在某个具体项目上进行合作或购买，就像优步公司（Uber）买走了卡内基·梅隆大学（Carnegie Mellon）的机器人团队一样。跟零工经济类似，作为商业实体的共享经济提供了灵活的收入来源。以最高调的爱彼迎（Airbnb）为例，个人可以通过租赁闲置房间有效地获得收入。

除了提供收入来源，我们预计这些生态系统也将有助于人们更好地协调工作、休闲和家庭。随着人们在小型和集中的团队中工作更加灵活，他们把热情投入了自己正在做的事情，所以工作和休闲之间的障碍就会被削弱。同样有趣的是，在工业化兴起之前，生产主要是在将工作和休闲融为一体的家庭中进行。从工厂至办公室的兴起不可避免地导致了工作和休闲更为正式的分离。在期盼的同时，我们看到新兴工作生态系统有了更多的机会可以削弱这种分离，使工作和生活再次融合。

◎ 灵活城市和智慧城市兴起

不只是你的工作对象会改变，你的工作地点也会改变。我们目前正在目睹人类历史上最令人惊叹的移民浪潮，这是人口从农村到城市的迁移。2010年，全球有36亿人居住在城市。到2050年，这个数字预计将达到63亿，相当于每个星期有140万人流向城市。[3] 生活在城市，尤其是生活在智慧城市，会变得越来越重要，而且这种重要性似乎会继续增加。

为什么人们会大量向城市迁移？毕竟，互联网带来的美好前景是，距离将变得不重要，人们可以生活在任何他们想要生活的地方。事实上，距离可能变得不重要，但是"靠近"却会变得越来越重要。向城市迁移的一部分原因是，在世界新兴市场，人们从农村和农业转向城市和工业。但这不是人口迁移的唯一原因。在发达经济体中，人们也正在向城市转移，这反映了靠近创意和高技能越来越重要。

所以当一些工业城市衰退时，例如底特律，其他智慧城市也正在蓬勃发展，例如旧金山、西雅图和波士顿，它们的人口也在增加。这些智慧城市正成为拥有想法和高技能人群的交汇点，这些人希望接近其他拥有高技能的人士。他们知道，创新正在以更快的速度发展，他们希望靠近其他聪明的人来推动彼此的发展，互相挑战。这些集群最初由大学和专科学院毕业的学生团体组成。一旦这些高技能的群体成立，企业就会自然而然地向他们倾斜，因此更多这样的员工会搬到这一地区，因为这里的就业机会和工资比其他地方更高。这些集群就成了人才向往之地。换句话说，规模的收益越来越大，经济学家称之为"密集市场效应"。

伦敦是集群现象的另一个例子。到 2014 年，全市高技能人口规模达 140 万，到 2019 年，估计将达到 180 万。[4] 作为首都，伦敦一直对商界和政界有着吸引力，反过来又吸引了律师和金融专业人士。这在历史上是强大的集群效应。然而，伦敦除了是主要的商业中心，还是一个吸引世界各地创意人才的全球设计中心。这表明，不仅仅是信息技术行业有能力聚集聪明人和创意。随着创意的经济价值增加，我们可以预测，更多的集群会出现，这些集群会出现在任何人想要互相提供创意、互相支持和建立初创企业生态系统的地方。

这些创意集群的中心往往是世界级的大学。在硅谷，斯坦福大学、加州大学伯克利分校和加州理工学院是创意集群的中心；在波士顿，麻省理工学院和哈佛大学是创意集群的中心；伦敦的创意集群中心与世界上两所顶尖的设计学院——皇家艺术学院（Royal College of Art）和中央圣马丁艺术与设计学院（Central St Martin's）有着密切联系。随着这些集群发展壮大，它们急剧增长的人才库吸引了公司的到来。在伦敦，国王十字区（King's Cross）100万平方英尺（92903平方米）的谷歌校园距离圣马丁中央火车站（Central St Martin's）只有很短的步行路程，该校园人数至少会增长到4500人。

这对智慧城市高技能工人的就业机会可能会有很大的影响。事实上，根据加州大学伯克利分校恩里科·莫雷蒂（Enrico Moretti）的说法，每一个智慧型岗位都创造了另外五个就业机会。[5]有些工作的技术要求很高，例如律师、会计师和顾问。其他的是低薪职业，如园丁、手工制造者、咖啡师或瑜伽教练。按照这个速度，智慧城市将比老制造业中心更适宜创造就业机会。

智慧城市的重要性日益提高也受到一些社会现象的驱动。近几十年来，被社会学家称为选型交配（assortative mating）的现象显著增多。换句话说，相比过去，现在的婚姻伙伴在教育和收入方面的情况更加相似。这一效应也在推动城市的发展。对于这些拥有高技能的伴侣来说，给两个人找到有趣的工作比给一个人找到同样的工作困难得多。[6]过去，丈夫工作，妻子做家庭主妇，小镇是对传统家庭更有吸引力的地方。但是当两个人都想找到完美的工作时，住在一个小城镇就会让生活变得艰难。大城市开始更具魅力，因为那里机会更多。事实上，大城市对于还没有伴侣的人来说也很有吸引力。想象一下你要找人约会，想找到满足你越来越长的伴侣条件清单的那个完美对象，你能在一个小镇找到这个人吗？也许可以，但多半不能。如果你想和具有类似职业和收入潜力的人约会，那么你更可能前往城市。密集市场效应也体现在约会这件事上。这是一个浪漫的想法。

我们可以期待的是，这些智慧城市会在工作场所灵活化方面起到引领示范作用。技术创新将使人能够更加灵活地选择工作时间和地点，人们会因此选择在家工作或利用虚拟技术工作。[7] 人们可以更容易地进行匹配，例如人与工作之间的匹配，或者兴趣相似者之间的匹配，进入就业市场也因此更加容易。人们可以用更低的成本更加轻松地沟通，因此更多的人会在虚拟或全球团队中工作。这也可以使人更好地协调个人问题，人们会因此学习如何创建居民技能和观念相似的大型社区。

"办公室"概念可能会变得传统，并且昂贵得可笑。事实上，联合利华的主管在测量二氧化碳的生成地点和时间时发现，让人们进入大型中央办公室工作生成了巨大的碳足迹。这个因素和其他因素会驱动更多的人在家里、当地中心或共享社区中心工作。一方面，低成本技术，例如全息图和虚拟会议，会为之提供支持。在管理人员能够更加熟练地管理虚拟员工并鼓励员工在家里工作后，这将成为一种常态。然而，转移到基于家庭的虚拟工作，始终要权衡相关度。

失业的未来？

人类的历史是技术不断进步的历史。尽管在1899年，美国专利局（the Office of Patents）专员查尔斯·迪尤尔（Charles Duell）已经说过，"所有可以发明的东西都已被发明出来了"，但很明显的是，知识仍然在进步。如果每一代人都像前一代一样聪明，并且继承了前一代人的知识库，那么通过探索和结合不同的知识，创造新的见解，我们这个世界还能在技术上取得进步。艾萨克·牛顿（Isaac Newton）精辟地总结道："我们站在巨人的肩膀上。"

然而，新技术意味着旧职业的终结，也通常意味着新任务和新角色的创造。人们在这个时候很清楚，有一些工作要被丢掉，但他们还没有意识到，有哪些工作会被创造出来。从英国工业革命时卢德主义者（luddite）破坏机器到约翰逊总统设立技术、自动化和经济进步国家委员会（National Commission on Technology, Automation, and Economic Progress），人们一直在担忧，自动化会导致未来的失业。这样的担忧情绪在世界各地高涨。[8]我们在机器人和人工智能领域取得显著的技术创新，在60年的职业生涯中，简能否找到工作？[9]

这是一个值得深刻讨论的问题，读一下参与者得出的结论是有益的。硅谷企业家马丁·福特（Martin Ford）在他发人深省的分析中表示："对就业的整体威胁是，随着创造性破坏的展开，受到冲击的主要是传统领域的劳动密集型企业，例如零售和商品准备，但创造会生成根本不需要雇用那么多人的新企业和新行业。"[10] 用麻省理工学院埃里克·布林约尔松（Erik Brynjolfsson）和安德鲁·麦卡菲（Andrew McAfee）两位教授的话来说就是："计算机和其他先进数字技术正逐渐取代脑力劳动……就像蒸汽机及其后继者代替人工劳动一样。"[11]

◎ 棋盘的下一半

1965年，英特尔公司的杰弗里·摩尔（Geoffrey E. Moore）推测，半导体的处理能力大致会每两年翻一番，这个预测到目前为止都非常准确。由于这个指数级增长，"第二机器时代"的支持者认为，我们现在正处于"棋盘的后一半"。这个提法与一个寓言中的印度国王有关。玩腻了现有一切消遣的国王向他的子民提出了一个挑战——找到一种更好玩的娱乐方式。当有人提出了一种早期的象棋时，国王非常高兴地为发明者提供他想要的任何东西。发明者要求国王给他大米：第一个方格上有1粒粮食，第二个方格上有2粒，第三个方格上有4粒，第四个方格上有8粒，以此类推。换句话说，与计算能力每两年翻一番一样，每移动一格，米粒的数量就翻了一番。在寓言中，国王很快意识到，他没有足够的米粒来迎接挑战，在填满第30个棋盘格之前，也就是后一半棋盘开始之前，他的米粒就会被耗尽。

为了满足发明者的要求，国王必须提供大约 18.5×10^{21} 粒大米，其体积比珠穆朗玛峰还要大。棋盘第一格有1粒大米，第33格的大米数量是43亿粒。杰弗里·摩尔的定律显然与之相似。早在1981年，比尔·盖茨就表示，640KB（千字节）的电脑内存对于任何人来说都是够用的；30年以后，电脑不仅有强大的处理能力，而且未来两年的增长会远远大于过去增长的总和。从第32格到第35格，计算机处理能力的增加值是前32个棋盘格处理能力总和的4倍。换句话说，如果摩尔定律继续生效（后续会进一步讨论），计算能力将在未来8年翻四番，并超过嵌入无人驾驶汽车中的技术水平。

◎ 工作中空化

这一非凡现象将有怎样的影响？对机器人和人工智能的讨论不可避免地带有科幻味道，而且似乎会使人迅速想到《终结者》(*Terminator*)般的场景，或像《银翼杀手》(*Bladerunner*)那样，使人产生对意识本质形而上学的思考。在考虑这些辩论时，我们要做到有所依据，首先要考虑科技已经对劳动力市场造成了什么影响。从此，我们可以很容易地看出这么多的评论家担心人们会在未来失业的原因。

图 3.2 显示了一种被称为工作中空的现象。虽然这是美国的数据，但其他发达国家的情况也与之相似。数据显示的是低技能职业到高技能职业的就业百分比变化。从 1979 年起，技术

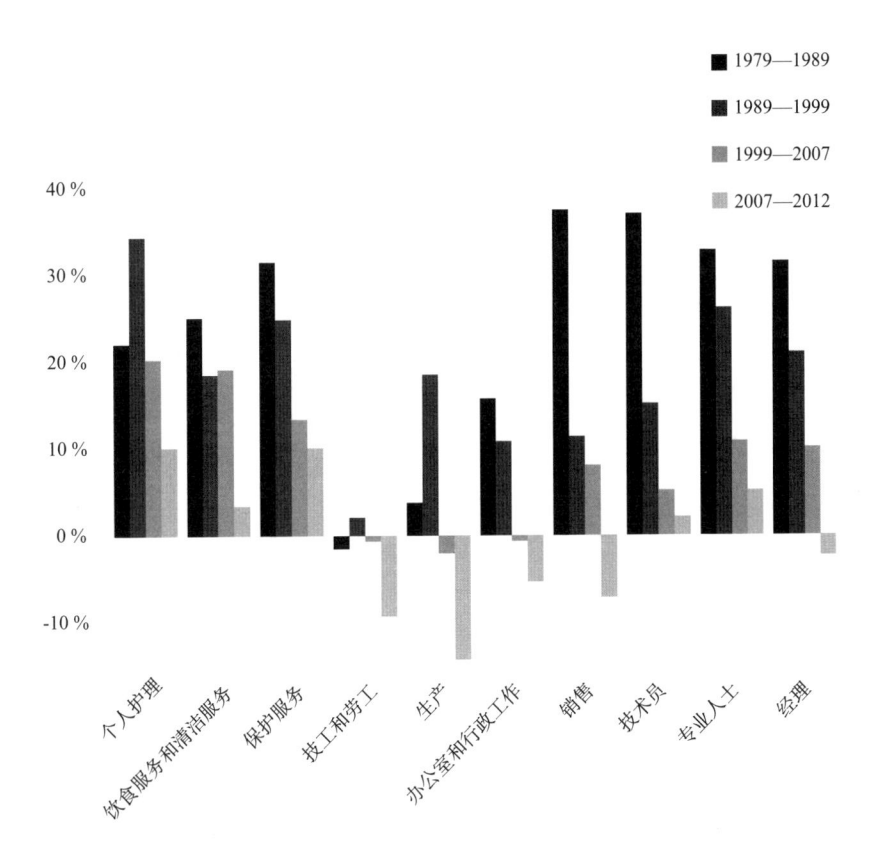

图 3.2 各类职业就业占比年度变化
来源：戴维·奥托，《为何工作仍然如此之多：自主工作场所的历史与未来》，《经济展望期刊》，2015 年夏季卷（总第 29 卷第 3 期），第 3—30 页

工人和技术水平较低的就业率均有所增加,但中等技工就业率则有所下降。劳动力市场已经中空,提供的就业机会多为高技能和低技能岗位,而不是中等技能水平的工作岗位。

要了解这种情况发生的原因,我们要把工作视为一系列任务。麻省理工学院经济学家戴维·奥托(David Autor)及其合著者的办法是构建2×2职业分类法:工作所需的认知程度或操作技能水平以及定义工作为常规或非常规的任务情况。[12]奥托所说的"常规"并不是指容易或无聊,而是指可以用一套精确的说明描述任务的执行方法。银行柜员做的就是常规的认知任务,装配线上的分拣员是执行常规操作任务的一个例子。

被技术大量替代的是那些涉及常规任务的工作。由于常规任务可以通过一组特定的指令进行描述,因此可以将这些指令编入计算机和机器人程序,交给计算机和机器人去执行。看看大部分的亚马逊仓库就知道了,机器人将存货从货架搬给亚马逊包装工,同时向中央系统即时发送哪些产品被订购了的数据流。这个过程在不断进行,不需要人为的干预或决策。机器学习和传感器精度技术的快速发展使之成为可能。劳动力市场中空化出现的原因是:许多只需要中等技能的工作都是常规认知工作或常规操作工作。基本上,技术能够以更低的成本替代人力完成这些工作。

但这不是故事的唯一部分。要理解人们对技术如何塑造未来就业格局的争论，我们有必要考虑同时发生的其他事情。技术在代替人类去做中等技能水平工作的同时，也起着和高技能人员相辅相成的作用。软件和计算机是技能和受教育水平较高的人员占据的行业，所以当它们取代中等技术岗位时，也提高了高技能人员的生产力，高技能人员的收入也随之提高。随着这些高技能人员收入增加，他们对低技能者生产的服务需求也提高了。这些替代、补充和需求效应的净效应是劳动力市场的中空化。

这里描述的是前一半棋盘，我们现在开始进入后一半棋盘，计算能力在后一半棋盘增长显著，人们因而担心中空化的范围会越来越大。目前，简单常规任务的执行已被技术替代，对计算能力发展的限制减少了工作机会的流失。开车属于常规任务，只不过它的指令列表很长而且很复杂。随着与低成本计算能力大幅增长相关创新的出现，现在开发无人驾驶汽车成了可能。当无人驾驶汽车成真时，物流业大量工作岗位会受到威胁。诊断医疗状况同样是一项常规任务，它的执行需要知识和模式识别技能的支撑。目前，计算机还未能执行此项任务。然而，在后一半棋盘，这种情况会发生改变。

由 IBM（国际商务机器公司）研发的著名超级计算机沃森（Watson）正在进行肿瘤诊断。随着计算能力的提高，劳动力市场在加速中空化。技术创新不再是高技能劳动力的补充，而是开始取而代之。最近一项经济研究的证据表明，这种情况正在发生。这些研究发现，对高技能劳动力需求的长期增长在 2000 年开始逆转。[13] 在一个引人注目的研究中，牛津大学学者卡尔·弗雷（Carl Frey）和迈克尔·奥斯本（Michael Osborne）预计，在未来几十年，美国总共有 47%（6000 万个）的工作岗位会受到这些因素的影响。[14]

未来的工作

这些问题都很复杂，但是期待长寿的人必须早早下注，选择一条他们要走的路。我们对他们有什么建议？未来的工作将是什么样？

◎ 人的独特技能

从技术角度来看，未来工作问题的关键就在于对人工智能和机器人取代人力劳动的限制。在撰写本文时，人们广泛认同某些技能和能力是人类独一无二的，而且它们（目前）不能被人工智能或机器人复制或替代。戴维·奥托和他的合著者指出了人的两种独特技能。其中一种是与解决复杂问题相关的技能，此类技能依赖于专业知识、归纳推理或沟通能力。苹果公司的 iPhone（苹果手机）就是一个极佳的例子。iPhone 和 iPad（苹果平板电脑）的主要制造者是位于中国深圳的富士康，其制造成本约为售价的 5%~7%，苹果公司每台手机的利润都在 30%~60%。此外，富士康每名员工创造的价值在 2000 美元左右，而在苹果公司，每名员工创造的价值超过了 64 万美元。价值创造在于创新，而不在于制造。第二种独特技能与人际交往和情景适应有关，这往往更多地和人工角色有关。

第一种技能的核心是波拉尼悖论（Polyani's Paradox），它指的是化学家和哲学家迈克尔·波拉尼（Michael Polyani）发表的一个评论，即："我们知道的，比我们可言说的更多。"换句话说，人类知识的一大部分都是隐藏的，因此不能以指令的形式写下来，所以无法被人工智能和机器人技术复制。[15] 第二种技能与莫拉维克悖论（Moravec's Paradox）有关，它指出："让计算机进行智力测试或执行检查程序时达到成年人的水平并不困难，但是让它们有一岁小孩般的感知和行动能力则非常困难，这几乎是不可能的。"[16] 因此，一个机器人可以轻松地执行复杂的分析任务，但捡杯子和爬楼梯对于它来说则困难得多。

然而一些技术专家认为，机器人很快就能赶上人类的优势地位。云机器人（Cloud Robotics）和深度学习的快速发展可以弥补人机性能之间的差距。联网机器人通过云网络可以获得其他机器人学到的知识，云机器人技术的发展可使机器以指数级别的速度进行学习，其速度当然远远超过人类的学习速度。技术试图模仿人类通过经验联系进行归纳推理的方式进行深度学习，并可能再次通过云网络利用其他机器人得到的经验。

◎ 职位空缺

从经济的角度来看，问题不仅仅是"取而代之"，劳动力供应也是问题之一。关键的人口因素会对就业格局的劳动力供应造成重大影响，对于发达国家来说尤其如此。这些人口因素包括人口减少和婴儿潮一代的退休。在许多发达国家，老龄化和出生率下降导致了人口下降，适龄劳动力数量减少。这种情况在日本最为显著。预计到2060年，日本人口将从1.27亿的高点下降到8700万。在这8700万人中，年龄在65岁以上的人口比例将达到40%。人口下降还伴随着人口数量庞大的婴儿潮一代的退休。即使他们会如我们的分析指出的那样，推迟退休，最终的结果仍然是造成大量空缺。例如，英国公共政策研究所（Institute of Public Policy Research）预测，职位空缺的最大推手并非新工作的出现（扩张），而是人们从劳动力舞台的退场（更换）。该研究所预测，随着婴儿潮一代退休，数以百万计的工作岗位特别是低技能岗位将出现空缺。事实上，在未来10年，即使是需要高技能的工作，其更换需求也将超过扩张需求，特别是在需要劳动力具备先进技能的新技术领域。

所以，与其担心机器人会抢走我们的饭碗，不如对它们的及时到来感到高兴，因为它们对促进衰减劳动人口的回升以及维持产出、生产率和生活水平起到了积极作用。

◎ 实施困难

还有一种观点认为，尖端技术的发展虽然可能会很迅速，但其实施会大大滞后。例如，无人驾驶汽车在进入日常使用阶段之前，面临着大量的监管和法律障碍。我们几乎可以肯定在简的一生中，汽车有一天很可能会变成无人驾驶，但距离这一天的到来还有很久。

一些技术专家也认为，摩尔定律将在 50 年后开始受到物质限制而不再可操作。实际上，摩尔定律的原理是不断地缩小晶体管的尺寸，从而可以使一块芯片容纳更大的数字。技术人员指出了这种做法的物理和经济限制。目前，我们要用先进的纳米技术来生产原子尺寸的晶体管，但这些纳米技术工厂的运行成本很高。当然，人们对摩尔定律已经失效的恐惧已被多次证明是毫无根据的，该行业正在努力避开这些限制，但它正在逼近物理极限。当然，即使摩尔定律即将走到尽头，这项技术仍然可以在许多其他领域获得指数级增长。例如,软件迄今为止还没有充分发掘出摩尔定律的硬件优势,所以未来还有几十年的进步,在等着我们去争取。

◎ 新工作岗位

一种有力的论点是,技术取代工作会导致大规模失业。然而纵观历史,经济学家指出,这是一个相当复杂的问题。从历史得出的经验是,技术进步会提高生产力和生活水平,从而鼓励人们花更多的时间去消费,因此,技术进步不会造成总体失业。例如,虽然机器确实抢走了工厂工人的工作,但它们也创造了一大批新的工作。这些机器需要人来制造、维护和操作,就业机会正是来自这些互补性的工作。

不过,有人反驳说,这种情况仅在过去成立,它并不适用于未来,以后的互补性工作岗位相对较少。以 Facebook(脸书)在 2014 年 2 月以 190 亿美元的惊人价格收购 WhatsApp(一款用于智能手机的跨平台加密即时通信客户端软件)为例:WhatsApp 当时有 55 名员工,但该交易的价值几乎等同于拥有 14 万名员工的索尼市值。这当然表明了技术对就业的影响,但这还涉及收入分配问题。WhatsApp 本身的员工确实没有几个,但它拥有庞大的合作伙伴和配套生态系统,例如,产品需要互联网才能产生价值，互联网本身又创造了成千上万个工作岗位。我们真正担忧的是"赢家通吃"的行业，一些人凭此赚了大钱，但赚大钱的人仅仅是少数。

从经济角度看，还有一个因素在影响就业。使用机器人和人工智能的工厂和办公室往往更有成效，其产品或服务的成本也因此下降。随着成本降低，企业要保持竞争力，就会降低价格。随着价格下降，对该产品或服务的需求上升，企业会雇用更多的员工来满足日益增长的需求。当然，每个产出单位需要的人会更少，但如果产出增加，这就可能不会造成失业。那些仍然在就业的人确实可以获得更多的收入，因为他们的生产力更高，而他们的收入会被用于其他行业的商品和服务。

开发新产品和新服务的技术创新，是创造新工作的另一个促进因素。在接下来的几十年中，将出现许多现在想象不到但又不可或缺的新产品，它们的经济价值会得到证明。第三方支付服务商 Paypal（贝宝）的联合创始人彼得·蒂尔（Peter Thiel）批判性地评论道，他们承诺研制出飞行汽车，而我们得到的却是 140 个字符。然而，这就是技术的危险之处。没有人可以预见到 Twitter（推特）的经济价值，也没有人可以预见到人们会在 Twitter 上花费那么多的时间。

这个争论显然非常重要，它会对未来几十年产生重大影响。从技术的角度来看，创新的速度急剧加快，机器将以一种人类无法与之媲美的方式展现智能。机器将取代人力进行生产，甚至对教育的投资也不再足以确保职业安稳、收入可观。从经济角度来看，情况会乐观一些：技术也将带来补充性就业，产出增加，就业也因此增加；现在还不可知的产品会推动经济的发展，新的行业会被创造出来。

我们对简的建议是什么？

简现在是一个年轻人，期待着长寿人生的展开，我们之后将建立一些情景来叙述她可以拥有的长寿人生。我们可以从就业形势概述中看出什么？对这些影响的实现速度和就业的连锁反应，人们目前没有一致意见，但人们一致同意的是，技术正在并将继续对劳动力市场进行彻底调整。技术专家认为，在整个社会中，要保证高薪工作将很难。经济学家认为，未来虽然会有很多输家，但也会有很多赢家，他们同时强调这种获益的分布并不均衡。技术专家和经济学家一致认为，政府必须改变政策以增加社会保障，保护技术水平低、收入低的人群。他们还一致同意，人们过去依赖的许多传统工作在未来会消失。

那么，我们对简的建议是什么？技术发展后能够幸存的工作有两类：一类是人类拥有绝对优势的工作，一类是人类具有相对优势的工作。拥有绝对优势，意味着人类在该任务的执行上，比机器人或人工智能的表现更优。回到波拉尼悖论和莫拉维克悖论，我们可以想象，人类现在在创造、共情和问题解决、自由往来和大量体力劳动方面显然比机器人和人工智能更具优势。在未来的几十年里，随着劳动力市场进一步中空化，这些工作将继续存在。但是，没有人可以肯定它们能存在多久。一些技术专家认为，机器人和人工智能对这些任务的执行表现最终会超过人类。但即使是这样，人类仍然会在某些领域具有比较优势，这也就是未来产生高薪岗位的领域。

未来还会出现补充人类技能的技术。在需要人类和机器互相配合的自动化领域，这种技术会继续发展。在国际象棋领域就是如此。一群象棋爱好者操控的中等水平的机器，能够战胜象棋大师和独立工作的超级计算机。我们可以期待这个领域的迅速发展。当前人们普遍使用智能产品，将来他们也有可能带着机器去上班——那些被仔细挑选并设计出来，最大程度增强个人独特技能的机器。

我们已经粗略地指出了未来几十年可能对劳动力市场造成影响的一些变化。但我们要回顾一下在本章开头引用的丘吉尔的名言。在简的职业生涯之外的时间，这些预测几乎没有任何用处。这反过来又提出了一个问题：如果你不知道会发生什么，你很难做好准备。与杰克相比，简的工作年限更长，她会经历更多的变化，也会面临更多的不确定性。所以她必须更加灵活，更要意识到她要在未来重新定位和重新投资。正如美国小说家保罗·奥斯特（Paul Auster）所说："要做好应万变的准备，才能兵来将挡，水来土掩。"

第3章注释

1. 关于长寿，绝大多数经济分析都关注劳动群体数量可预见的下跌以及随之而来的养老金和医疗保健费用的增长。老龄化和生育率下降的宏观经济效应很重要：物价的上行压力，回报率的下行压力，储蓄和投资率降低，以及经常账户赤字的改变。参见 Magnus, G., *The Age of Aging: How Demographics are Changing the Global Economy and Our World* (Wiley, 2008).
2. Gratton, L., *The Key: How Corporations Succeed by Solving the World's Toughest Problems* (Collins Business, 2015).
3. 例如理查德·佛罗里达（Richard Florida）关于城市兴起的研究著作 *Who is your City? How the creative economy is making where you live the most important decision in your life* and *The Rise of the Creative Class* (Basic Books, 2002).
4. Deloitte, *London Futures: London crowned business capital of Europe* (UK Futures, 2015).
5. Moretti, E., *The New Geography of Jobs* (Mariner Books, 2013).
6. Costa, D. and Kahn, M. E., "Power Couples: Changes in the Locational Choice of the College Educated 1940–1990", *Quarterly Journal of Economics* 115 (4) (2000): 1287–315.
7. Johns, T. and Gratton, L., "The Third Wave of Virtual Work", *Harvard Business Review* (2013).
8. 对机器人和人工智能的恐惧不只出现在就业领域。2015年春季，琳达在达沃斯世界经济论坛上推动了一项讨论，主题是"机器能否比人类做出更好的决定"。小组讨论有4位来自加州大学伯克利分校的人工智能、神经科学和心理学专家。过了一周，英国《每日电讯报》以如下标题报道这一讨论："反社会的机器人在一代人的时间里将超越人类"，还有一张长相丑陋的机器人打架的极其吓人的配图。标题并未如实反映争论的内容，却反映了人们对机器人和人工智能将要夺走他们工作的不安情绪。史蒂芬·霍金教授也担心人工智能的兴起是对将来人类的威胁，因此也难怪这种担忧的情绪广为流传。
9. 例如 Ford, M., *The Rise of the Robots* (Basic Books, 2015); Brynjolfsson, E. and McAfee, A., *The Second Machine Age* (W. W. Norton & Company, 2014).
10. Ford, *The Rise of the Robots*.
11. Brynjolfsson and McAfee, *The Second Machine Age*.
12. Autor, D. H., Levy, F. and Murnane, R. J., "The Skill Content of Recent Technological Change: An Empirical Exploration", *Quarterly Journal of Economics* 118 (4) (2003): 1279–334.
13. Beaudry, P., Green, D. A. and Sand, B.M., "The Great Reversal in the Demand for Skill and Cognitive Tasks", NBER Working Paper 18901 (2013).
14. Frey, C.B. and Osbourne, M.A., "The Future of Employment: How Susceptible are Jobs to Computerization?" (Oxford University mimeo, 2013).
15. Polanyi, M., *Personal Knowledge. Towards a Post Critical Philosophy* (Routledge, 1958/98).
16. Moravec, H., "When Will Computer Hardware Match the Human Brain?", *Journal of Evolution and Technology* 1 (1) (1998).

INTANGIBLES

第 4 章

资产篇
专注无价之物

FOCUSING ON THE PRICELESS

第 4 章　资产篇：专注无价之物

随着寿命延长，工作周期将变得更加广泛，储蓄更加集中，行业和就业随着时间的推移也将发生重大转变。这是百岁人生的广泛影响。但是，只考虑财务和工作，就是在否定人的本质。长寿的礼物从根本上讲是无形的。在本章中，我们关注的重点是无价的无形资产。

无形资产在我们的一生中发挥着至关重要的作用。对于我们大多数人来说，金钱确实很重要，但金钱本身并不是我们的目的。我们赚钱是为了获得我们可以用钱买到的东西。对大多数人而言，美好的人生需要获得家人的支持，结交优秀的朋友，掌握过硬的技能和知识，还要有健康的身心。这些都是无形资产，在创建高效的长寿人生时，它们无疑与财务资产一样重要。

但这些无形资产并非独立于有形资产，它们在有形资产的增长过程中发挥着重要作用，两者互相促进。举个例子，如果没有过硬的技能和知识，我们的职业和收入潜力可能非常有限。朋友也是如此，拥有一些理解并支持自己而且知识渊博的朋友，对优化转型和扩大职业选择至关重要。如果你身体不好或者家庭生活不幸福，那么这种压力会大大降低工作生产率、同情心和创造力。

因此，无形资产是长久和高效生活的关键——无论是作为目的，还是对有形资产的投入。事实上，一个美好的生活需要两者兼顾。两者之间需要达到平衡和协调。

资产管理

也许你没有想过友谊、知识和健康也是资产。我们大多数人在日常生活中很少会用"资产"这个词，但把友谊、知识、健康作为资产是百岁人生的关键框架。资产就是可以在几个时期内产生效益流的东西。换句话说，资产具有持续性。很显然，随着寿命的延长，我们在这些资产的管理上面临重大的挑战。虽然资产可以持续多个时期，但它们通常会遭遇某种形式的贬值。也就是说，由于使用或管理不周，资产会随着时间的推移而减少。这意味着，我们要对资产进行细心的维护和有意识的投资。这样看来，我们会把朋友、知识和健康作为资产的原因就很明显了。朋友和知识不会在一天之内消失，但是如果你不通过与朋友保持联系或者更新知识的方式对其进行投资，那么它们最终会贬值，甚至可能消失。

无形资产与住房、现金或银行储蓄等有形资产有明显差别。有形资产是一种物质存在，我们可以很容易地对它们进行衡量和界定。因此，我们可以很容易地对它们进行定价和交易，对它们的了解和监控也更为简单：检查银行账单，在互联网上查证房屋价格，密切关注养老金等。友谊、家庭、身心健康、技能和知识等无形资产没有明显的物质实体，对它们进行衡量和交易是有难度的。

一些无形资产的衡量相对容易。衡量你是否健康，是否充满活力，是相当简单的事情。我们大多数人做健康检查就是出于这个目的，它能够提醒我们，在一段时间里的健康状况是变好了还是变糟了。某些形式的技能和知识也是如此。我们参加考试，获得证书，这是在衡量我们是否掌握了某些显性知识，但是，隐性知识的衡量更为困难。那么，友谊和关系呢？大多数人对他们最为看重的人际关系是否健康有所了解，但他们很难去量化了解的程度。社交网络分析师也在越来越多地尝试对个人社交网络的规模、多样性和互联性进行衡量，同时追踪其随时间变化的增长或消耗程度。[1] 衡量各种日常行为（例如行走的英里数、与朋友聊天的时长等）的增强技术的快速发展将增加可测量无形资产的复杂性。

因此，一些无形资产可以直接定量测量或通过代理方式进行测量，一些则只能定性测量（上升或下降），还有一些无形资产无法测量。一些测量的结果可以进行客观的比较，例如受教育程度，而其他的测量结果，例如是否幸福，则不能进行客观比较。无形资产因其模棱两可、难以捉摸的特性及其常常具有主观性，我们要对它们进行定价和交易是不可能的，并且总是困难的。此外，正如政治哲学家迈克尔·桑德尔（Michael Sandel）所言，无形资产"无价"而且不可能进行交易的背后，还存在一些深层原因。这通常事关无形资产不可交易的本质和历史。在你80岁的时候，你根本买不到（或创造出）终身的友谊；事实上，也许友谊的定义就意味着在任何年龄，友谊都是买不来的。

无形资产无法在市场上买卖的事实使得对无形资产的规划和投资更加复杂。相比之下，对有形资产进行投资的决策相对简单，这在一定程度上是因为，这些决定是可逆的。房子可以随意买卖，金钱可以从股票市场转到养老金支付。而且由于有形资产可以很容易地进行定价和买卖，它们具有易于替代的特性：我们可以把一间房屋出售，另外购买新的房屋；财富可以从股票变为现金。

然而，无形资产既不可替代，也不可逆转。如果你移民了，你不能把一个朋友卖掉，在另一个地方购买一个新的朋友；如果你掌握的知识不再是有价值的知识，你不能简单地把它们卖掉，然后购买新的技能。这种不可逆性的影响是，我们必须谨慎对待与无形资产投资相关的选择,而且必然会担忧其价值的突然丧失。正如一场地震可以使一所房子变得毫无用处,外部变化也可以使无形资产变得一文不值。

然而,无形资产之所以无价,正是因为它们不能轻易被定价或交易。[2] 关于无形资产相对于有形资产的重要性是在文学和宗教中反复出现的一个主题。[3] 以研究人生怎样才能愉快并且有意义的心理学研究为例:哈佛格兰特研究(The Harvard Grant Study)尤其有趣,该研究重点关注1938—1940年哈佛大学268名男本科生的各项指标。在进行了75年的追踪之后,研究人员发现,有形资产确实很重要,没有钱或者拥有的钱比同辈人少是导致不满的根源。然而,人们在生活中建立的深厚而牢固的关系,是生活满意度的关键因素之一。[4] 用此项研究的先驱乔治·维兰特(George Valliant)的话来说就是,幸福有两个支柱:一个是爱,另一个是留住爱的生活方式。赚更多的钱,确实会使你更加快乐,但爱会使你感到幸福。

许多经济学文献对伊斯特林悖论(Easterlin's Paradox)表现出了很大的兴趣,该悖论是指,虽然富裕的人往往更加快乐,但平均幸福度与平均收入之间并没有直接的关系。换句话说,人们似乎并没有随着国家越来越富裕而越来越幸福,这表明,另有其他因素在主导着人们的福祉。[5]

当然,这并不意味着金钱不重要。虽然钱不能直接购买无形资产，但你仍然需要资金和财务安全来投资无形资产，有钱就可以买到健身房会员资格、家庭假期，可以让你放心地和亲人分享休闲时光。钱可以为无形资产提供支持，这反过来又可以为财务上的成功提供支持。这种相互联系十分重要，合适的平衡对规划百岁人生至关重要。

◎ **资产富裕**

鉴于无形资产的定义，可以考虑纳为无形资产的东西太多了。例如，有证据表明美貌也是一种重要的资产。劳动经济学家丹尼尔·哈莫米斯（Daniel Hamermesh）在研究中发现，貌美的人可以更快找到工作，更快得到晋升，薪水也比长相平平的同事多出3%~4%。[6] 个子更高的人获得的报酬也更多。[7] 还有一系列研究反映了性别和种族特征对收入的影响。

根据以前的定义，这些特征都可以算作无形资产，它们能够长时间地提供效益流，都不是可以被分割、定价和交易的物质实体。显然，这同样适用于大量其他个人特征，例如智力正常、健康的遗传基因、生于有教养和富裕的家庭，或基本个性特征，例如个性积极、情绪稳定或善于交际。因此，可能的无形资产范围或许很大，并且包括许多可能影响命运的先天或遗传因素。

在分析中，我们删除了那些一出生时就以个人禀赋形式存在的无形资产。相反，我们重点关注的是选择变量的无形资产，那些个人可以实际施加影响的因素。例如，我们不能选择一生下来就更美丽、更聪明，或者生在书香门第，或者有更积极的个性。不可否认的一个事实是：人们可以通过诸如整容手术之类的改进塑造外貌等资产，或通过行为疗法来变得更加善于交际，等等。然而，我们的出发点是，根据这些天生的无形资产到固定性和可塑性之间的相对比例，我们应该认为它们是早就注定的。

剔除这些天生的无形资产，还有一系列其他的无形资产。所以我们会对它们进行选择和分组，选出那些对长寿人生有意义的无形资产，将它们分成不同的三类。

第一类是生产资产。这些资产可以帮助个人在工作中更有成效并获得成功，从而增加个人收入。技能和知识显然是这类资产的重要组成部分，但它还包括许多其他内容。

第二类是活力资产。广泛地说，这类资产关乎精神和身体的健康与福祉。它包括友谊、积极的家庭关系和伙伴关系，以及个人健康。纵向研究表明，丰富的活力资产是衡量美好人生的关键组成部分。

第三类是转型资产。在百岁人生中，人们将经历巨大的变化和大量的转型。这些转型资产是指对自我的认知、接触不同网络的能力和对新经历的开放态度。在三阶段人生中，人们对这组资产的利用相对较少，但在多阶段人生中，它将变得至关重要。

第一类：生产资产

生产资产是可以提高工作生产力、促进收入增加和职业前景发展的无形资产。当然，许多无形资产间接地影响了工作能力，例如当你处于一段病态或使人不悦的关系时，你的工作无疑会受到负面影响。但这里的重点是那些直接指向生产力的资产。这并不是说我们要以它们对生产力的贡献为标准去衡量其价值，它们在提升总体幸福感上无疑都起着非常重要的作用。

◎ 宝贵技能和知识的储备

生产资产最明显的例子就是我们长时间努力获得的技能和知识。知识储备是把大量时间花在教育上，从事特定类型的工作和在工作中学习，或者与教练、导师和同龄人一起学习得来的结果。鉴于工作市场和技能习得发展速度非凡，知识储备至关重要。这给我们留下了一些有待思考的重要问题，例如怎样才能最有效地投资技能和知识储备，特别是投资的重点应该放在哪里。

◎ 学习和教育的回报

在长期的生产生活中,对知识和技能的投资是重中之重。我们可以从学习和教育中获得的经济收益是巨大的。在撰写本书时,一名22岁的美国毕业生平均每年可赚3万美元,而没有受过大学教育的人则为1.8万美元。他们之间的差距会随着时间的推移不断扩大,差距会在他们45岁左右的时候达到顶峰,到那时大学毕业生的年收入会接近8万美元,而高中毕业生则为3万美元。教育的平均回报率比通货膨胀率高15%。[8]如果这样的回报率差距保持不变,那么我们绝对可以期待,长寿会使人们花费额外的时间用于接受教育。在整个20世纪,美国的平均受教育时间已经从7年上升到14年,还有可能继续增加。

技术创新将对就业市场产生重大影响。事实上,哈佛大学经济学家克劳迪娅·戈尔丁(Claudia Goldin)和拉里·卡茨(Larry Katz)认为教育和技术在进行赛跑。[9]技术目前是对教育的补充。随着技术的进步,技术工作的薪水也增加了。没有受过教育的人,他们的工资下降了,社会上的不平等现象增多,但教育的回报显然使上大学的人数增加。结果是,现在有一个学位的美国劳动力比例为25%~30%,这一比例还在继续上升。

随着大学学位的普及和技术的进步,有些人会很自然地用额外的人生时间接受研究生教育。研究生学历往往与专业化技术有关，它释放了一个专心投入和为事业献身的信号，是具备精细知识的证明，可使人们在劳动力市场上脱颖而出。此外，随着信息技术造成劳动力市场进一步中空化，越来越多的人会尝试获得最高水平的技能，在研究生学历的基础上更上一层楼。

不过，正如投资顾问必然会说："过去的结果无法预测未来的表现。"教育回报率和继续受教育人数持续增长方面可能会出现转折。毫无疑问，获取技能和知识储备的内容、时间和方式将发生重大改变。

在百岁人生中，大量的知识习得可能不再是一次性的，也不再是在生命的早期阶段完成。考虑到技术进步可能达到的程度，用职业生涯早期学习的专业知识维持一个人长期的工作生活，这似乎是不可想象的。无论是出于无聊还是技术淘汰的原因，获得新技能和新专长将成为人们要终身努力的一件事。我们在百岁人生里有87.3万小时，就像人们常说的，"一万个小时可以让人成为天才"，那么，在一个以上的领域成为专家，就不是一件令人望而却步的事，更不是不可能实现的事。

◎ **重视知识**

学习是人生的重要组成部分，它的价值远远超过它给我们带来的收入。纳尔逊·曼德拉（Nelson Mandela）说："教育是你改变世界最强大的武器。"这是很有道理的话，而且他说的改变世界并不是指 GDP 或收入。选择学习自己热爱的、感兴趣的东西是很在理的。然而，对于大多数人来说，收入也很重要，而且会在百岁人生中更加重要。展望未来，我们能不能知道，哪些我们热爱而且感兴趣的东西可以带给我们良好的收入呢？

理论上，这是一个容易解答的问题。重点是获取有价值的技能和知识储备，换句话说，要去学习那些有用的、罕见的技能和知识。拥有这些技能和知识的人不多，所以前期预测与研究生教育中的新兴专业有关。这些技能和知识也必须具有难以被模仿的特性，有了这些技能和知识，就占得了其他人没有的领先优势。[10] 再有，这些技能和知识必须得具有高度的不可替代性，这也是技术发展威胁最多，在学习和教育选择上最具挑战性的地方。

目前，人们最大的担忧是机器学习和人工智能的兴起。考虑到这些技术的发展，哪些技能和知识储备仍然有价值？我们如何获得这些技能和知识？鉴于技术上的转变，教育和学习与成长对职业发展有利的三个关键领域是：思想和创造力发展领域；人类技能和共情发展领域；核心便携式技能开发领域，例如精神灵活性和敏捷性。

支持创意、创新和创造的教育可能会越来越重要。如果19世纪的重头戏是工业革命和有形资本的力量，那么，20世纪的重头戏就是教育和人力资本优势。然而，21世纪的重头戏会是通过提出可以被他人复制或购买的创意和创新来增值。事实上，这正在本书作者任教的伦敦商学院发生。我们强调学生和企业都要具备创意，进行创新，要有创造力和创业精神。

与此相对应的是，人类的技能和判断力越来越重要。有人认为，即使是这些技能，人工智能也可以做到，例如IBM的超级计算机沃森能够进行详细的肿瘤诊断。这意味着，通过诊断增强，医疗行业的技能将从信息检索转向更深层次的直观经验，这种技能更多的是一种人对人的技能，它更强调团队的动力和判断力。同样的技术发展也会延伸到教育行业，数字教学将取代教科书和课堂教学，宝贵的技能将是那些与复杂的人类共情、动机和鼓励有关的技能。

在长期的生产生活中，便携式的一般技能和能力变得越来越受重视，例如精神灵活性和敏捷性。这就在一般技能需求与有价值的专业化重要性之间，引发了耐人寻味的冲突。专业化是重要而且必要的，当一个越来越重要的领域发展专业化时，它也是有价值的。问题是，仅在一个领域做到专业化，并不足以在长期工作中保持生产力。而鉴于技术更新的速度，任何专业化都面临着过时的巨大风险。因此，人们更有可能选择在工作生涯中的一个阶段进行专业化，然后在进入其他知识领域和活动时重新专业化。正规教育也会因此越来越多地创造建立基础分析能力和方法的机会。打好了这些基础，然后创造机会使自己更灵活，更有创新精神，以具备跨越学科的能力。所以，当一个专业科目需要深入了解知识库，并具备持续精确思考能力，才能在职业上取得成功，否则，它就不足以维持整个职业生涯。而且由于人们会跨越工种和部门，拥有便携、高度认证的知识和技能将是至关重要的。

因此，关于这个问题的辩论仍在持续。一些人认为，人文和共情技能和判断力越来越重要以及对创造力和创新的关注都表明，新形式的人文教育会变得非常宝贵。另一些人则认为，在一个技术和科学越来越重要的世界中，科学、技术、工程或数学教育仍然是关键和最宝贵的生产资产。当然，在漫长的人生中，我们不一定得二选一，也许我们可以两者兼顾。

除了我们的学习内容，我们的学习方式也会发生改变，特别是经验学习的兴起。这是超越教科书或课堂而通过行动进行的学习。在一定程度上，由于网络和在线学习的发展，简单的知识的获取会容易得多，经验学习会更有价值。所以，将人们区分开来的不是他们所掌握的知识，而是他们使用这种知识所获得的经历。这是我们之前讨论的两个悖论（波拉尼悖论和莫拉维克悖论）的结果，也是隐性知识日益重要的结果，隐性知识是无法编纂的。隐性知识虽然很难掌握，但它极具价值。它是智慧、洞察力和直觉的基础，要通过实践、重复和观察来获取。

从雇主的角度看，有价值可能并不仅仅是要有过硬的书本知识，而且还要有应付现实世界的头脑。经验学习无疑会成为本科生和研究生学习经历的一部分，但它会在其他环境中发展壮大。在后面描述的情景中，我们明确地创造了一些重点通过经验学习获取宝贵技能和知识的新阶段。正如下文所言，经验学习虽然有很多优点，但它也面临着一个挑战，那就是，基于教育的学习成果认证起来更加容易。

同辈

技能和知识似乎是非常个人化的。教育证书反映了个人的能力和表现，所有学术机构对剽窃和作弊都严惩不贷。然而，事实证明，我们如何获得知识以及我们获取知识的效率都在很大程度上取决于他人。换句话说，使知识更加高效是一个团队比赛。在大多数复杂的高价值任务中相互依赖的关键，意味着高效的人希望与其他高效人士相匹配。哈佛大学经济学家迈克尔·克雷默（Michael Kremer）一针见血地指出，查利·帕克（Charlie Parker）通常与迪齐·吉莱斯皮（Dizzy Gillespie）一起演奏爵士乐，多尼·奥斯蒙德（Donny Osmond）则通常和玛丽·奥斯蒙德（Marie Osmond）一起唱歌。[11]

哈佛商学院的鲍里斯·格罗斯伯格（Boris Groysberg）在他饶有趣味的研究中，清楚地表明了他人的重要性。[12] 他的研究兴趣在于个人创造的价值以及个人与其周围的人一起创造的价值。为了理解两者之间的平衡，格罗斯伯格对华尔街投资银行雇用的一千多名分析师的职业进行了研究。如果这些明星分析师的个人知识库被直接转化为他们的个人生产力，那么当他们转职到另一家银行时，他们的表现应该保持不变。如果他们的表现也依赖于他人，那么当他们离开银行时，他们的表现会下降。格罗斯伯格发现，事实确实如此，分析师的知识并不是全部可移植的。因此，他们的表现在转职后立即出现了下降，而且这种下降经常是持续性的。

这些分析师的知识和技能为什么不是可转移的，我们可以从中吸取什么教训？其中当然有公司方面的具体因素，如专有资源和组织文化在将个人知识储备转化为生产力和绩效方面意义重大。这里的关键是，格罗斯伯格认为，并不是所有的公司都有能力将个人技能转化为绩效。这表明，当你在考虑最大化地利用自己的知识储备时，要仔细地找到一家合适的公司，正确匹配是至关重要的。我们还可以从研究中发现一个明显的结论，分析师在银行内部建立的员工和同事网也是影响他们表现的关键因素。如果团队成员互相信任，对彼此的声誉有积极的评价，那么他们就会非常高效。这种影响是非常关键的，当一个分析师的表现实际上保持不变或有所提升时，如果他要跳槽，他的团队几乎总会和他一起跳槽。如果没有建立这种网络关系，大多数跳槽的明星分析师就会像流星一样，在新的环境中迅速暗淡下去。

这些网络和关系是生产资产的一个重要组成部分，我们称其为专业社会资本。[13]你建立的强大关系网可以使知识在人群中轻松流动，并有助于提高你的生产力和创新能力。这是因为，这些密切的合作关系、高度的信任和良好的声誉，使你能够获得比你的个人知识储备更广泛的知识和洞察力。这创造了与他人合作的沃土，并为知识与洞察力的结合创造了机会。这种组合效应在创新中尤其重要。[14]

看来，对开发生产资产尤其重要的是，以工作为基础建立的同事间互相高度信任的小型网络。建立了这样一种网络，你就可以轻松地获得类似的技能和专业知识，并且能在专业发展中与同事相互支持。琳达在她的合作研究中把这种现象称为"小团体"。这是一个相互信任的人组成的紧密专业关系网，他们彼此教导，互相支持，把对方引荐到自己的关系网中，会为对方提供重要的宝贵意见。[15]

那么,"小团体"是如何建立的?与许多其他社会资本一样,"小团体"的建立也需要时间。当你能够花费大量的时间与拥有相似技能和知识背景的人建立关系,并花时间与他们进行面对面的交谈时,"小团体"就能够建立起来。深度的专业知识就是在这些集中的时间里发展起来并分享开来的。[16]

声誉

可口可乐或苹果等大公司的领导知道,他们公司的大部分价值不在于特定的物质实体或有形资产,例如工厂和商店,而在于品牌或知识产权等无形资产。例如,苹果公司的品牌价值大概超过1000亿美元。虽然实验室、工厂和商店对苹果公司的设计、生产和销售至关重要,但公司的一些无形价值来自"苹果"这个品牌。

个人品牌也是如此。早在中世纪时,欧洲和亚洲的手工业者就把自己的产品看作品牌的一部分。社会学家理查德·森尼特(Richard Sennett)在讨论中世纪工匠时说:"中世纪工匠的最紧迫的世俗义务是建立良好的个人声誉。这对于金匠等流动工匠来说尤为迫切,他们要以陌生人的身份到许多地方工作。"[17]工匠声誉的建立是一个长期的过程,他们的工作质量是可预料的，客户可以向工匠定制一件器物，直到器物的质量会满足他们的期待。经过了数百年，品牌和声誉还是一样重要。当一家公司有一个正面的品牌形象，或者一个人有良好的声誉，其他人会更加容易与他们产生互动。如果一家公司声誉良好，作为消费者，你不需要对该公司进行密切监控或调查，因为它的声誉就说明了你可以期望得到怎样的产品和服务。一个人也是如此，如果他有良好的信誉，那么在各种情况下他都会有信得过的表现。

因此，在积累生产资产时，良好的声誉是非常重要的。因为它能使你的有价值的技能和知识储备以有效的方式得到真正的利用，它也可以对你的专业社会资本产生深远的影响。没有良好的信誉，你不可能汇集一批有价值的同事。

像任何其他无形资产一样，良好的信誉必须通过长时间的投资获取。它可以长时间提供价值流动，不能被买卖，而且可能迅速贬值。如果你过去一直以合作和值得信赖的方式行事，你会声誉良好；如果你曾有过自私或欺骗的历史，则会造成声誉不佳。声誉如何当然是在旁观者眼中，你的信誉得由他人来决定。他人是如何做出判断的？声誉在一定程度上是由联系赋予的。那些在某些学校读书或为声誉良好的公司工作的人会从联系中获益，其他人会从这些信息中得出你信誉良好的信号，除非另有说明。中世纪的工匠也是如此，如果可以进入一个有名望的公会或兄弟会，即使是流浪工匠也会获得很好的信誉。纵观历史，精英社区或公司的成员信誉良好。这些联系在最初发挥着重要作用，但是从长远看来，他人会根据你的行为来评判你的信誉。内在品质和口碑设定了期望值，但巩固声誉的归根结底还是行动。

那么，别人会评判你的哪些表现呢？显然，在任何规模的社区里，我们都很难注意到所有人的行为，人们注意到的往往是选择性的信息。其中一些看法是通过直接经验得出的第一手声誉，但很多时候声誉都不可避免地来自他人描述的二手信息。因此，你周围的社会结构就像是一个广播系统，它不断地向观众发送信息，这些信号在扩散时又成倍增加。[18] 事实上，这种社会结构在创造和传播声誉方面的重要性，意味着声誉并非你拥有的资产。相反，它是在一个社区对你形成的一系列信念、感知和评估中创建的。这样的必然后果是，良好的信誉尽管是一种宝贵的无形资产，但也是一项复杂的资产。它虽然是你行为历史的产物，并对你的生产能力有重要影响，但它并不完全受你的控制。

随着你的职业发展跨越了越来越多的公司、部门和不同的技能，长久以来连接无形价值的线索之一就是良好的声誉，这在你决定更换工作或部门时尤其重要。正如企业会利用品牌信誉进军新市场，良好的声誉将成为你扩大视野的资产之一。结合便携式技能和知识与良好的信誉，可以帮你跨入新领域。你公正、诚信、踏实、灵活和值得信赖的声誉都是你可以在许多角色和工作中带来价值的保证。

在接下来的几十年中，声誉的评判可能会基于更多的因素。对于那些追求三阶段人生职业的人来说，他们的大部分声誉取决于他们的专业技能和知识以及业绩记录。在未来，职业会有多个阶段和更多的过渡，由此会不可避免地生成更广泛的信息。同时，社交媒体也会越来越多地将你的形象和价值传达给其他人，让其他人可以追踪和监督你的表现。因此，你必须策划一个远超专业表现的品牌和声誉。

当然，有了公众曝光的审视，正如良好的声誉会被广传开来，导致声誉不良的反社会行为也会被广传出去。随着社区的联系越来越紧密，人们就会努力更自觉地参与自我展示，以保持和提升自己的良好声誉。随着寿命日益延长，人们会更长久地感受到声誉的影响。而且良好的信誉既可以在长远中建成，也可以在长远中丢失。社会媒体可以用戏剧性的致命方式破坏声誉，并对声誉造成持久影响。[19]

第二类：活力资产

身心健康和心理健康是至关重要的无形资产。当人们被问及幸福生活由什么组成时，他们会谈到健康、友谊和爱情。我们把这些无形资产称为活力资产，它们使我们感到快乐、满足、充满动力又积极向上。

◎ 健美和健康

我们中的许多人生活在一个越来越关注活力和健康的社会。这在百岁人生的背景下至关重要，因为更加长寿不是每个人都会自动享受到的权利。的确，今天出生的孩子会因为更好的基因和营养而拥有更长的预期寿命，技术的持续进步和用于治疗的花销增加，也延长了人类的寿命，但公共知识和行为变化也起着关键的作用。所以，遵守最佳实践建议的健康生活是充分享受长寿恩赐的基石。

健美和健康在寿命更长的人生中变得更加可贵。如果同样是在50岁失去正常工作能力，那么预期寿命为100岁的生活成本，将远远高于预期寿命为70岁的生活成本。健康状况不佳根本不可能实现多阶段的百岁人生，它会在财务和非财务问题上带来恶性后果。我们有健康的财务规划习惯，也应该有健康的生活习惯。你吃什么，吃多少，以及是否定期进行特定的锻炼，都是你对无形资产投资的重要组成部分。医学咨询和知识会随着时间的推移继续变化和发展，所以重要的是，花时间学习与健康发展有关的知识，并对自己的行为和习惯做出调整。

也许，关于健康最重要的见解是，人们越来越意识到保持大脑健康和良好运作的重要性。事实证明，我们的行动和行为对大脑有重要影响。虽然有研究表明，智力水平下降有 1/3 是因为基因遗传，剩下的 2/3 取决于人们的生活方式，例如日常行为、社区参与度、稳固的关系、身体素质和饮食习惯都是影响因素。[20]

这是一个重要的新见解。因为在最近，大家才公认，脑细胞会随着年龄增长而死亡。这就是老年人有时候记不住东西，而且脑子似乎也不灵光的原因。事实证明，情况并非如此，一种新观点认为大脑具有新塑性。它认为，大脑更像是一块肌肉，反复使用和练习可以改变它的运作方式，并可以帮助它进行恢复。与任何肌肉一样，大脑会因为缺乏使用而萎缩，变得虚弱。所以，虽然脑细胞不再随着年龄增长而死亡，但大脑的大小和重量还是会下降。看来，大脑会在 50 岁以后开始萎缩，并且会在 80 岁后大大萎缩。与如何积极影响大脑发育相关的研究尚处于起步阶段，但我们已经得到了一些常识性的建议。体育锻炼是避免智力下降的重要因素，这并不奇怪。人们还不清楚这究竟是什么原理，是因为锻炼增加了大脑供氧，还是刺激了激素分泌？但有些研究指出，体育锻炼有重要作用。还有一些研究建议我们减少脂肪摄入，多吃蔬菜、水果、多脂鱼、欧米茄-3

脂肪酸（Omega 3 fatty acids）和维生素 B12，当然还要进行认知训练和智力训练。这些似乎都是相关的影响因素，并且都得到了一些研究的支持，但它们到底有多重要，还有待确认。

◎ 平衡生计

活力的对立面是压力。在世界各地，与工作有关的压力水平正在急剧升高，引发了从心脏病到全身残疾等大量健康问题。世界卫生组织（WHO）最近的一项研究报告指出，英国劳动力中称自己工作"非常辛苦"或"处于紧张状态"的比例，自20 世纪 80 年代以来，一直稳步上升。这种压力导致的结果可能是毁灭性的。工作压力会导致患心脏病的风险增加 20%，而且与一系列其他精神和身体健康问题相关。这个现象并非英国独有。2009 年，在对 75 个国家的 1000 家公司进行的全球调查中，人们发现，超过 60% 的工人报告说，他们的工作压力越来越大。[21]

显而易见的是，增强和维持活力资产在一定程度上是为了管理压力的触发因素。为了更好地理解这一点，琳达和她的研究员汉斯－乔基姆·沃尔夫兰博士（Dr Hans-Joachim Wolfran）在几年前对超过 200 名从事知识类复杂工作的员工进行了研究。[22] 他们发现工作和居家都无法像待在密封容器里一样与世隔绝。相反，大多数人都会在办公地点和家里经历情感溢出，这种溢出效应可能对压力产生积极或消极的影响，从而影响我们的活力。

早上离开家时，你会感受到积极的情绪溢出，感觉受到鼓励而且很轻松，并把这些积极的感觉带入工作。当下班时，你会感觉到很有收获，学会了新的技能，建立了有趣的网络，并将这些积极的情绪和资源带入家中。工作和家庭之间的情感流动也可能是负面的。你疲惫而内疚地离开家，孩子们郁郁不乐，你知道自己没有给予伴侣需要的支持和鼓励。当你开始工作时，这些内疚和疲惫的负面感觉就会立即溢出，影响你对接下来一天的感受和你想执行的任务。缺乏情感资源和活力对创造力和创新会有负面影响，长期如此会导致压力升高和活力下降。

在第9章，我们会仔细研究如何实现这一平衡，思考家庭和伴侣关系如何改变活力以及它们对情感活力的影响。我们描述了你可以确保自己体验家庭积极情绪（受到鼓励、感觉轻松）的各种方式，而不是消极情绪（疲惫和内疚）以及工作的积极结果（收获、新技能、有趣的网络），而不是消极结果（感到沮丧和无聊）。从根本上说，这取决于你对你所做的工作做出的选择和决策，取决于你如何与你的伙伴协商自己的角色以及分配时间的方式。

◎ **再生友谊**

与志同道合的同辈组成一个"小团体"可以增强专业的社会资本，使我们一直有所收获。然而，只有亲密友善的关系网才能让你保持理智，使你感到愉快，并对你的活力资产有所贡献。琳达在她的《转变》(The Shift)一书中把这些长期建立起来的丰富友谊称为再生社区（Regenerative Community），以渲染人们在再生友谊中所起的作用。[23] 无论是之前提到的哈佛大学纵向研究，还是对老年仍能保持活力的社区研究，都无一例外地出现了同一种现象——与其他人有良好关系的人比孤立的人更生机勃勃，更精力充沛，也更积极向上。[24]

这些网络与那些作为专业社会资本基础的网络略有不同。再生友谊通常要很多年才能建立起来，事实上，当人们处于人生中关系发展的"塑造"阶段时，恢复到受教育和工作的早期阶段并不罕见。这些再生关系往往是多重的，在某种意义上，你和你的朋友会在不同的环境以不同的角色交流，比如在家里和他们的家人在一起，你们也一定会有一些共同的兴趣。这些多重联系对友谊的延长和深度发展至关重要。因此，这些关系往往带有丰沛的情感，因为你投入了自己的感受和情感，而且友谊一旦破裂或发生了变化，你会感到不安，有时还会感到困惑。对保持活力至关重要的，正是这种情感带来的支持和鼓励。

这些多重的、情感丰富的关系,对幸福和活力起着核心作用。它们是工作生活的背景,而且在回顾过去时,我们要依赖这些关系,对人生和身份进行叙述和评论。

在百岁人生中,这些深厚的、情感丰富的友谊会更难维持,也会更加珍贵。更难维持是因为,随着人们的寿命越来越长,经历的变迁越来越多,他们之间的联系就会因为身份的变化而变得松散,甚至会断裂。但友谊会更加珍贵,因为这些友谊中,有的仍将是定义我们人生身份的基础线索。

杰克的无形资产

我们人生中面临的一个重大挑战,不仅是使有形和无形资产达到一定的水平,更是要使两者保持平衡。

在漫长的人生中,这种交错变得更加复杂,这也是三阶段人生不再是最佳选择的根源。我们已在前文对杰克、吉米和简的有形资产进行了模拟,并分析了长寿对他们财务状况的影响。现在,我们回顾一下他们的生产和活力等无形资产。

跟踪无形资产比财务资产更复杂,因为我们很难对它们进行精确的测量,所以很难估计它们的价值。股票市场分析师可以利用公司的股价,推断该公司品牌和信誉等无形资产的价值。

个人无形资产的估值并非如此简单。尽管经济学家能够根据你所做的选择，推断你对不同活动的重视程度，但尝试用货币价值来衡量无形资产并不容易，甚至是无益的。然而，虽然我们不可能在任何时间点做出明确的估价，但我们做方向推断。具体地说，就是我们可以问一些问题，比如有赖于发展活动的有形、无形资产是减少了还是增加了。在考虑杰克的无形资产状况时，我们采取的就是这一定性方法。

我们首先对杰克人生中有形和无形资产的升值和贬值进行了模拟假设。我们把目光放在了他人生中三个关键工作阶段的资产流动上。在图 4.1 中，我们展示了杰克资产的增加和减少。当杰克的资产增加时，是因为他进行了投资；杰克的资产减少是因为他缺乏投资和重点，所以资产出现了贬值。或者，如果是财务资产的话，资产减少是因为资产被杰克消耗了。我们对杰克的资产流做了以下程式化的描述。

我们对杰克的人生做了以下叙述：他早期对生产资产做了投资——上了大学课程，开始进行知识和技能储备。我们用杰克生产资产在第一阶段的增加来表现这一点。在大学时期，杰克努力投身于技能和知识学习。他也在自己所在的领域结交了一些朋友，可以在他的职业生涯中和同辈组建成团体。他的学术表现使他足以建立良好的声誉。杰克很享受自己的学习生涯，他有一大堆给他带来新想法的朋友（再生友谊），朋友之中还

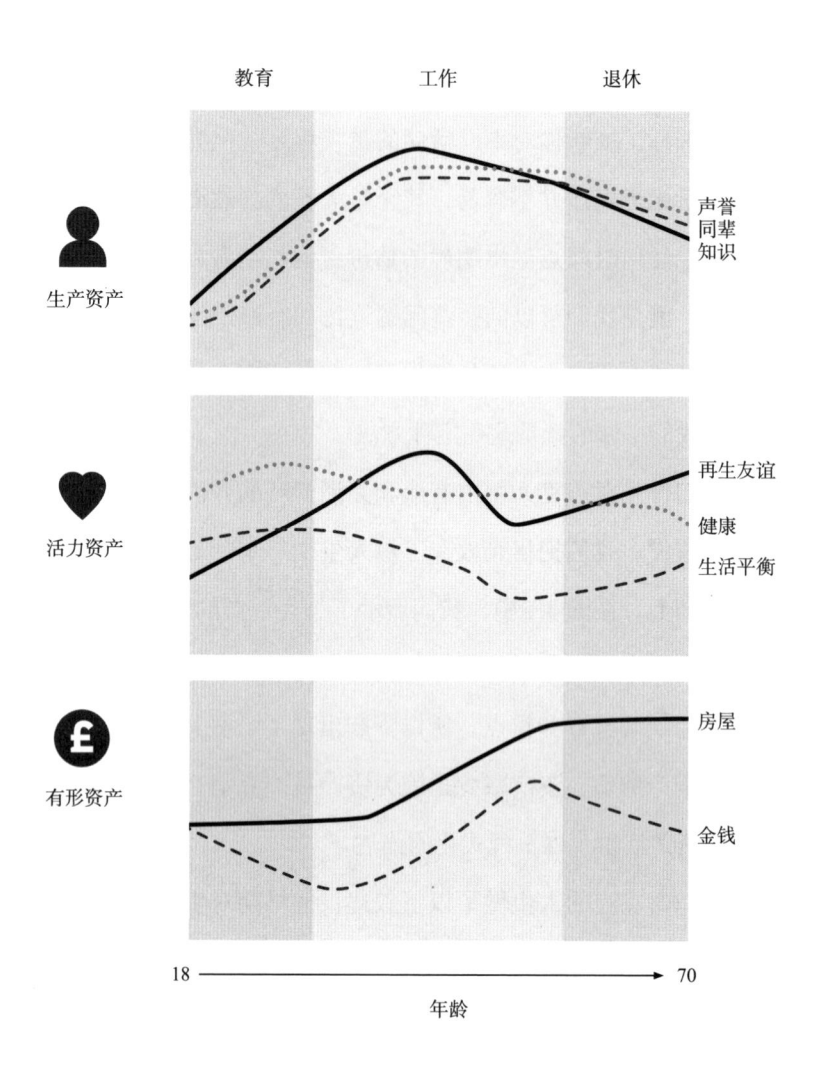

图 4.1 杰克三阶段人生的资产流动

有人会成为他的妻子。杰克学习非常努力，但他的社交生活也风生水起，在谋生和与年轻人的社交生活中找到了平衡，他还通过运动保持健康。显然，学生债务和缴纳租金意味着他的有形资产正在减少。

杰克大学毕业后加入了当地一家制造公司，我们暂且称其为正佳制造公司（Makewell）。杰克加入了一个由同辈组成的团队，并建立了一个可以辅导和指导他的支持性社区，这对他的生产资产非常重要。要注意的是，虽然这些同行有助于他更加出色地完成工作，但现在不是投身于掌握更多有价值的知识和技能的时候，而是要在工作中学习。在这几年中，杰克结了婚，组建了家庭，还用一大笔按揭贷款买了一栋房子。他的社交网络正在收缩并集中在新邻居和孩子朋友的父母圈子中。平衡生计变得困难重重。杰克正在努力获得晋升，抵押贷款以支付家庭支出，这意味着他和家人、朋友见面的时间越来越少。工作和家庭之间的情感能量流动正在变得消极。辛苦了一天，下班时身心疲惫，回到家还要照顾年纪幼小的孩子。这就是为何我们称这一时期为消耗期。实际上，在这个时期，许多人的大量时间都被长时间工作和家庭事务挤占了。

在 45 岁左右的时候，杰克离开了正佳制造，进入了同一行业的另一家公司，并获得了大幅晋升，我们暂且称该公司为创建制造公司。在这个职位上，他不再做某个专门领域的工作，而是参与了综合的高级管理。在这个更高的职位上,杰克发现更难建立一个与工作相关的社区,现在他宝贵的知识和技能开始贬值,因为他在离开大学以后没有进一步的重大投资。他没有学到新的技能和新的知识,也没有把时间花在那些可以让他的想法更进一步的同事那里,用来增加专业社会资本。这种损耗在他的职业生涯中仍在继续,但是,他在职业生涯早期建立的同行小组中受到鼓舞,他的专业知识足以支撑他到退休,而不至于使他完全失业。在有形资产方面,当杰克退休时,他已经实现了他的财务目标,偿还了抵押贷款,并在养老金余额上达到了他设定的目标。

退休后,杰克可以再次投身于促进身心健康,重拾长期搁置了的兴趣爱好,花更多的时间与家人和朋友交流,同时又会花光他在工作中积累的财务资产。对杰克和许多其他人而言,退休后的时间将是他们一生中感到快乐和满足的时期。

◎ 三阶段人生的失衡

退后一步来看,杰克程式化的人生揭示了一些严峻的现实。他这一版本的人生明显是一个整体。各个时期的生活有不同的重点,在任何时候,他的资产都是不平衡的,但在三阶段人生中,有形资产和无形资产之间是平衡的。

然而，如果杰克在整体上达到了平衡，那绝对不完全是因为他的努力。杰克主要的重点是建立有形资产，尤其是在他的第二个人生阶段，也就是工作阶段。在他"传统"的家庭关系中，他的妻子吉尔通常会在这期间照顾孩子，并在家庭、社区和朋友间进行交际和联系，以建立无形资产。他们的行为和动机结合，共同创造了平衡。事实上，杰克的退休生活过得不错，这是妻子在第二阶段关注无形资产的结果。没有妻子的帮助，杰克的整个人生将是完全不平衡的。

这种传统关系曾是一种常态，但近几十年来，我们目睹了婚姻和家庭伴侣关系的重组。事实上，有人认为传统意义上的婚姻正在消失，众多可能的生活方式正在出现。这在一定程度上反映了社会正义和平等的发展，因为妇女在三阶段人生中要求获得选择人生角色的政治权利。作为伴侣，杰克和吉尔的生活或许已经取得了有形资产和无形资产之间的平衡，但很多时候他们作为个人却没有取得平衡。两人事业／就业／收入的家庭数量增加也会对此产生影响。正如我们在前面所说，在某些条件下，家中两个成年人均就业有助于储蓄和支付养老金，但这当然也涉及如何维持家庭无形资产的问题。

杰克三阶段人生中另一个无形的不平衡是第二阶段的投资明显太少。看一下图 4.1，我们就知道他的投资有多大。他职业生涯的成功，是因为他在教育和职业发展阶段对他的生产资产进行了大量投资。在这段时间里，杰克重点突出财务积累，意味着他的活力资产基本上被忽视了。

三阶段人生虽然对于杰克来说效果不错，但有了这些不平衡，它就明显不是最佳选择。持续工作这个第二阶段更长，会过多消耗重要的无形资产，生产资产也会随时间推移而下降。活力资产消耗会让人想起温迪妮的诅咒，以及受金钱驱使的疲惫和僵尸般的生活。退休这个第三阶段更长，可能听起来很有吸引力，但只有在第二阶段获得了大量财富积累和储蓄的情况下才能有所支撑，如果管理不当，第三阶段甚至可能会非常乏味。

第三类：新型资产——转型资产

如果在三阶段模式的百岁人生中实现有形资产和无形资产的平衡是一项挑战，则自然就会出现多阶段人生。我们不知道多阶段人生会是什么样子，但是我们可以做出一些一般性的预测。第一阶段的教育可能会持续更长时间，这将给人们更多的时间来获取和积累能在第二阶段起到缓冲作用的无形资产。它也将创造大专业化的机会，这对于应付技术过时的威胁非常重要。我们预测第二阶段的工作将出现碎片化。为了避免知识库存为零、健康和动力消失、与朋友和家人分离，大多数人都希望将自己的事业分为特点和目的不同的多个阶段。技术创新和行业转型将带来积极的影响，相比杰克，多阶段人生的关键是，我们能够更多地更新自我和学习新技能。

如果多阶段人生可以帮助我们在有形资产和无形资产之间实现平衡，那我们就需要发展出一种新的资产类别。我们将此类新资产称为转型资产，它们反映了成功实现变革和转型的能力和动力。

你会遇到什么样的转型？有一些是外部环境强加给你的转型：在技术层面上，你的技能有可能会过时，或者你的工作业务可能会被关闭。还有一些是你必须主动发起的转型：你不得不离职接受全日制教育，或从探险阶段过渡到责任重大的企业管理者角色。其中一些变化会很艰难，而且会令人不安。当然，这些转变越艰难，你就越不可能做好应对的准备。转型资产有助于这一转变，它们使你更有能力应付转型中的不确定因素。

在一些传统的部落社会，这些转型都是通过一系列仪式来实现的，例如从童年到成年的转变。研究这些部族仪式的人类学家观察到，从童年跨入成年门槛的通道往往是至关重要的。他们用"阈限"（liminality）一词来描述他们在中间期观察到的模糊和迷失，参与者不再处于仪式举行之前所处的地位，但又尚未过渡到仪式完成时拥有的地位。[25]我们在现代社会转型研究中也可以看到这种情况。埃米尼亚·伊瓦拉教授在过去20年里一直在对人们的转型进行观察。她发现,像部落仪式一样,处于转型时期的人们经常处于一个非此非彼的中间点。[26]这个位置并不舒服,因为过去的身份正开始消失,但新的身份还未建立,安全的过去已经远离,但未来能否成功仍是未知数。

转型资产是那些有助于提高转型成功率,减少不确定性和降低成本的资产。杰克几乎不需要转型资产和有限的转型资产储备。他在20世纪60年代开始了他的工作生活,想象着一条直线型的职业道路,大部分时间都在为这两家公司工作,在一系列舒适不紧绷的角色中安顿下来。对于杰克和他这个年龄的大多数人来说,雇主和雇员之间有着明确的心理默契:公司提供全职工作和工资,员工准备好在这家公司努力工作到退休。[27]在这种情况下,资历和成熟会受到重视和尊重。

在20世纪80年代后期,杰克到了45岁左右时,这一切都开始改变了。[28]研究就业模式的人报告说,就业的流动性大幅上升,企业不再提供终身工作,员工想要更大的灵活性。合同已经从关系转向交易,合同期限越来越短,并且越来越以绩效为基础。外部环境也变得更具挑战性,全球化重要性的日益增加导致了大量的失业,迫使杰克的许多同行开始转型。

这个意料之外的转变让杰克手足无措。他不得不勉强去找另一份工作，但他的经济实力让他有足够的资产来渡过难关。因为杰克预期未来会是稳定的，加上他的转型资产有限，这些变化当时让他非常焦虑。但是，他还没有被要求在技能、角色或身份方面进行任何重大的转变，焦虑就随着时间的推移消退了。

相比之下，吉米出生于一个工作变动常态化的世界。在成长的过程中，吉米越来越多地听到人们谈论的这种灵活性意味着什么。[29] 所以如果在旧职业生涯中，合同是与组织签订的，在新的职业生涯中，合同的签订方则是个人和个人的工作。组织已经成了一种追求个人愿望的媒介。吉米三十多岁的时候，市面上铺天盖地的都是职业规划类的书籍。

如果吉米的职业生涯涉及的转型和变革比杰克多，那么简看到的转型和变革就更多了。我们稍后将为吉米和简设想一系列场景，在这些场景中肯定会出现更多的阶段和更多的变化。对于简来说，发生变化的不仅仅是雇主，行业也可能发生变化。简人生中最重要的转型不会是外部市场环境强加给她的，而是简为了维护无形资产而自己实施的。

了解人们如何成功转型已成为心理学家和社会学家的研究重点。相关的研究、思想和理论有很多，其中最为突出的是三个相互关联的转型要素。第一，只有对现在和未来的自己有所了解才能成功转型。这就是社会学家安东尼·吉登斯（Anthony

Giddens）所描述的"反身项目"，这或多或少是对过去、现在和将来的询问，这就需要"自知之明"。[30] 第二，转型观察家发现，人们在这个过程中进入了新的社区，而那些已经创建了这些动态/多样化网络的人会发现转型对他们而言更加容易。有了这些网络，他们能够从更广的社会环境中获取他们可以模仿的楷模、形象和例子。第三，这些研究清楚地告诉我们，转型不是一种被动的体验。光靠想是无法实现转型的，伊瓦拉也提醒我们：要转型就得行动起来。给转型资产带来动力的恰恰就是我们对体验的开放和欢迎。

自我认知

在传统工作生活中，例如在我们为杰克勾勒出来的传统生活中，自我在一定程度上来源于个人的地位和角色。寿命更长的时候，身份的界定将更多地依赖于你所做的事情，而不是在你的起点，而你所扮演的角色越多，每一个角色在决定你的身份上所起的作用就越小。现在，身份来自精心制作而不是摆样子或者继承，自我认知在这个制作过程中起着重要作用。

当你准备好接收反馈意见，寻找和聆听他人想法，然后对问题进行反思的时候，你会对自己有更好的理解和感悟。反思是非常重要的。我们所有人都能够更新自己思考自身和世界的方式。使那些正在积极构建转型资产的人脱颖而出的是他们不仅更新了信息，而且还在改变对自我的感觉和看待世界的方式。他们对自己的了解越来越多，越来越复杂，就越能够应对不同的需求和不确定性。心理学家罗伯特·基根（Robert Kegan）认为，当人们能够退一步进行反思并做出决定时，转型就会发生。当人们改变的不只是他们的行为方式，不只是他们的感受方式，还改变了他们的理解方式时，转型就会发生。[31]

随着我们的身份越来越依靠精心制作，当我们发展心理学家黑兹尔·马库斯（Hazel Markus）和保拉·努里斯（Paula Nurius）所说的"可能的自我"时，我们的自我意识将深入未来。这些可能的自我是在表达我们将来会成为什么样的人，以及会做什么样的事。它们代表了我们可能想达到的理想状态，代表了我们想要成为的或者我们害怕成为的样子。有一些是希望的象征，其他则是我们想要避免的暗淡、悲伤或悲惨未来的提示。[32]结合自我认知，这些可能的自我可以作为未来行为的强大动力，例如要接近什么和避免什么，并以此指定行为框架并指导其实施过程。当我们在设想吉米和简的人生情景以及如何充分利用更长的人生时，会利用"可能的自我"这个概念。

通过变革和转型来设计一条道路，我们需要对自我进行认知，最重要的是它能提供一种身份认同感和连贯性。当我们对自己有所了解，我们更能够为我们的生活选择一条有目标的完整道路。这意味着我们能够避免一条以不断变动为特征的人生之路,无论这种变动来自外部环境还是周期性的工作和地点变化。这种自我认知使我们在未来的人生阶段取得成功的概率更大,而且我们认为这种变化对身份认知的威胁较小。身份的变化令人不安,一旦有了变,人们就会问不变的是什么。人类学家夏洛特·林德(Charlotte Linde)聆听过很多人的人生故事,尤其让她吃惊的是,人们投入了大量的精力去叙述完整的人生。[33] 要做到这一点,叙述必须有连续性("我"身上仍然不变的东西)和因果关系(发生在"我身上"并导致变化发生的东西)。她发现深刻的自我认知在塑造这两个特征方面起着至关重要的作用。

多元网络

在杰克大部分人生中,他的参照组保持不变。后来,我们为简建立了一个场景,其特点是她的参照组、楷模和其他相关对照变化频繁。这种视角的转变是转型的必要组成部分。

当你在前所未有的广泛和多样化的网络中进行互动时,你的观点会开始转变。由于你的身份从根本上植根于你的关系和友谊,当你开始转型时,你和他人的联系也会不可避免地开始转变。你会在与你同处于转型期的人中寻找新的榜样和相似的精神,你可以从他们那里了解游戏的规则。因此,转型的出现并不是孤立的，也不会只发生在同一组朋友中。当你建立了这些新的联系，不可避免地就要放弃一些旧的联系。这很重要，因为最熟悉你的人是最有可能阻碍你而不是帮助你转型的人。投入最多以保持不变的往往就是他们。你所接触到的新同行群体会给你带来新的价值观、规范、态度和期望，他们也有可能会遇到类似的疑问，正是这些比较点创造了转型的"爆发点"。

这些新的多元网络不可能在前文描述的"小团体"或再生关系网络中找到，这两个网络都因为规模太小而缺乏多样性，又因为太过同质化而倾向于鼓励大家一样而不是改变。在更宽广和多样化的友谊和伙伴网络中才存在多样化。在这个庞大的多元网络中的某个地方，人们正以一种你欣赏或相信的与转型相适应的方式行事。

我们将这些大型多元网络评为重要的无形资产，是因为它们带来的长远价值。以找工作这个问题为例：传统的智慧认为，人们找到工作，是因为他们拥有知识储备这一无形资产，他们凭借自己懂得的知识得到工作。在一项有影响力的研究中，马克·格兰诺维特（Mark Granovetter）发现，人们得到工作机会不仅仅是凭借他们懂得的知识，更因为他们知道哪些雇主会看重知识储备。[34] 但这是一个变数：人们无法从朋友那里得知新的机会（社会学家称之为强纽带），而是从一个朋友的朋友这样的弱纽带那里获得新机会。这是因为朋友圈中有很多冗余的信息，大家知道的信息都是相同的。然而，当这些网络扩展到还不太熟悉的人时，人们就可以从中获取全新的信息。在简的多阶段人生中，她将经历许多行业的转型和变化。如果简想改行或改变角色，这些大型多元化网络将更加重要。

◎ 欢迎新体验

自我认知和多元网络的结合为转型创造了基础。但是，为这项资产带来活力的就是行动，准备敞开心扉接受创意解决方案，质疑旧习惯和旧惯例，挑战陈规，并尝试整合不同人生部分的新模式，对别人的工作和生活保持好奇心，自如地应对模糊不明的新奇事物。[35]

大部分的日常生活基本上都是由惯例组成的。我们大多数人都有常规的活动模式，而且每天都会重复。这些惯例很重要，因为它们使我们的生活和身份渐渐成型，同时又是我们的工作背景。在转型的过程中，这些惯例会不可避免地受到威胁，我们会因此时常感到焦虑。虽然这种焦虑并不使人愉快，但它有助于动员我们产生适应性反应，做好快速迎接新举措的准备。人生管控涉及风险问题，因为它意味着多种可能性。有时你将不得不完全与过去割裂，并考虑不能以既定习惯为指导的新型行动方针。[36]

来自自我认知或环境的因素导致了这些惯例的中断，这可以预示着我们可以有意识地探索其他存在方式。道格拉斯·霍尔（Douglas Hall）和菲利普·米尔维斯（Philip Mirvis）称之为会引发新一轮学习的常规破坏（routin-busting）。[37]这些破坏惯例的体验导致我们认为，成功的行为发生变化时，我们很可能将其整合到我们的身份中，甚至做好参与更多探索和调整的准备。之后，我们将探索新兴的人生阶段，例如成为探险家、独立生产者，或创建投资组合。这些阶段令人着迷之处在于，它们创造了一个可以打破旧惯例并且加强转型能力的环境。

第4章注释

1. 例如 Johns, T. and Gratton, L., "The Third Wave of Virtual Work", *Harvard Business Review* (2013).
2. 来自奥斯卡·王尔德1892年的作品《温德米尔夫人的扇子》中的著名格言"愤世嫉俗者是一个知道所有东西的价格，却不知道它们的价值的人"（A cynic is a man who knows the price of everything and the value of nothing）。这句格言经常被经济学家引用发挥。
3. 《新约·马太福音》第19章第24节说："骆驼穿过针的眼，比财主进神的国还容易呢！"《古兰经》说："不要让你的财产或子孙成为你渴想真主的拦阻。若有人如此行，他们就是失败者。"本书无意讨论重大的灵性或宗教议题，因为从宗教的角度来说，信仰是一种不可动摇的无形资产，需要扶持、供给和投入，终将收获全新的生活。
4. Vaillant, G. E., *Adaptation to Life* (Little, Brown, 1977).
5. 该论点与近期的研究结论并不冲突，参见 Stevenson, B. and Wolfers, J., "Economic Growth and Subjective Well-Being: Reassessing the Easterlin Paradox", *Brookings Papers on Economic Activity* 1 (2008): 1–87.
6. Hamermesh, D. S., *Beauty Pays: Why Attractive People are More Successful* (Princeton University Press, 2011).
7. Schick, A. and Steckel, R.H., "Height as a Proxy for Cognitive and Non-Cognitive Ability", NBER Working Paper 16570 (2010).

8. Greenstone, M. and Looney, A. http://www.hamiltonproject.org/assets/legacy/files/downloads_and_links/06_college_value.pdf
9. Goldin, C. and Katz, L., *The Race Between Education and Technology* (Harvard University Press, 2008).
10. 例如，加利福尼亚 1955 年前后出生的人很早就接触到电脑了，因为他们的父辈在帕洛阿尔托的施乐公司上班，把一些新发现和新设备带回家给孩子看过。像比尔·盖茨和史蒂夫·乔布斯这样的"局外人"因为成长在那样的历史环境中而受益无穷。
11. Kremer, M., "The O-Ring Theory of Economic Development", *Quarterly Journal of Economics* 108 (1993): 551–75.
12. Groysberg, B., *Chasing Stars: The Myth of Talent and the Portability of Performance* (Princeton University Press, 2012).
13. Coleman, J. S., "Social Capital in the Creation of Human Capital", *American Journal of Sociology* 94 (supp.) (1998): S95–120.
14. Gratton, L., *Hot Spots: Why Some Companies Buzz with Energy – and Others Don't* (FT Prentice Hall, 2007).
15. Gratton, *Hot Spots*.
16. Polanyi, M., *Personal Knowledge* (Routledge and Kegan Paul, 1962).
17. Sennett, R., *The Craftsman* (Yale University Press, 2008), 62.
18. Burt, R., "Bandwidth and Echo: Trust, Information and Gossip in Social Networks", in J. E. Ranch and G. G. Hamilton (eds), *Networks and Markets* (Russell Sage Foundation, 2001).
19. 关于社交媒体及其后果带来的羞辱，可参见 Ronson, J., *So You've Been Publicly Shamed* (Riverhead Books, 2015).
20. Aleman, A., *Our Ageing Brain* (Scribe Publications, 2014).
21. "Stressed Out? A Study of Trends in Workplace Stress Across the Globe", Regus Research Institute (November 2009).
22. Wolfram, H. J. and Gratton, L., "Spillover Between Work and Home, Role Importance and Life Satisfaction", *British Journal of Management* 25 (1) (2014): 77–90.
23. Gratton, L., *The Shift: The Future of Work is Already Here* (HarperCollins Business, 2011).
24. Buettner, D., "Blue Zones: Lessons for Living Longer from the People who've Lived the Longest", *National Geographic* (2008).
25. *liminality* (from the Latin l ī men, meaning "threshold").
26. Ibarra, H., *Working Identity: Unconventional Strategies for Reinventing Your Career* (Harvard Business Review Press, 2004).
27. Schein, E., "Organizational Learning: What is new?", MIT Working Paper 3192 (1965).
28. Stroh, L. K., Brett, J. M. and Reilly, A. H., "A Decade of Change: Managers' Attachment to Their Organizations and Their Jobs", *Human Resource Management* 33 (1994): 531–48. They authors found that job mobility increased between 1979 and 1989.
29. 参见道格拉斯·霍尔的例子和他提出的"多变职业"（Protean careers）这个概念：Hall, D. T., "Protean Careers of the 21st Century", *Academy of Management Executive* 10 (1996): 8–16; Hall, D. T., *Protean Careers In and Out of Organizations* (Sage, 2002).
30. Giddens, A., *Modernity and Self-Identity: Self and Society in the Late Modern Age* (Stanford University Press, 1991). 中文版参考（英）安东尼·吉登斯《现代性与自我认同》，三联书店 1998 年版；中国人民大学出版社 2016 年版。
31. Kegan, R., *In Over Our Heads: The Mental Demands of Modern Life* (Harvard University Press, 1994).

32. Markus, H. and Nurius, P., "Possible Selves", *American Psychologist* 41 (9) (1986): 954–69.
33. Linde, C., *Life Stories – The Creation of Coherence* (Oxford University Press, 1993).
34. Granovetter, M., *Getting a Job: A Study of Contacts and Careers* (University of Chicago Press, 1974).
35. 向全新尝试开放是一个历史悠久的"大五"人格模型，与面向含混状态的姿态和勇于尝试新事物的意志相关联 [Costa, P. T. and McCrae, R. R. *NEO-FFI: Neo Five-Factor Inventory* (Psychological Assessment Resources, Inc, 2003)]。
36. Giddens, *Modernity and Self-Identity*.
37. Hall, D. and Mirvis, P., "The New Career Contract: Developing the Whole Person at Midlife and Beyond", *Journal of Vocational Behavior* 47 (1995): 269–89; Mirvis, P. H. and Hall, D. T., "Psychological Success and the Boundaryless Career", *Journal of Organizational Behavior* 15 (1994): 365–80.

SCENARIOS

第 5 章

情景篇
可能的自我

POSSIBLE SELVES

第 5 章　情景篇：可能的自我

　　长寿人生有如此多令人兴奋的可能性：有更多的时间可以度过，有更多的机会可以被抓住，还有更多的身份有待探索。你的寿命可能会更长，也会看到劳动力市场经历更剧烈的变动。这意味着你不能再把人生的三个阶段延长作为美好人生的路线。那么，取而代之的会是什么？为了提供一个比较点和讨论点，我们研究出了吉米和简可以构建平衡生活的各种方式，既可以解决前文所述的财务挑战，又可以支撑他们的无形资产。

　　这对他们未来可能会是什么样子进行了描述，但不是指定他们的未来必须如此，你也不一定要遵循这样的路径。事实上，关于百岁人生的主要结论之一，就是人们选择的生活方式和生活路径会相当多元化，这些选择反映了他们的个人喜好和情境。面对这种多样性，指定方法是无益的。相反，我们概述这些可能的自我，是要表明我们有替代三阶段人生的可行方案，这些方案会使长寿成为一份礼物而不是诅咒。

　　传统的三阶段生活只需要一点点规划和反思，因为它具有确定性和可预测性。取而代之的会是多元选择。在很长的一段时间里，我们会经历很大的不确定性：会有什么样的工作，需要什么样的教育，你会成为什么样的人，你的目标是什么？未知的东西很多，创建通向未来的单一线性道路是不可能实现的。它会误导人，过于简单化。这就是为什么我们倾向于构建既可能是象征希望又或者是预示厄运的未来自我。这个观点并不令人乐观，它捕捉到了我们大家要做出正确选择的焦虑感。大多数人并不擅长在我们未来的自己需要什么这个问题上做出选择，我们更喜欢现状，偏爱熟悉的事物，而且我们大多数人都很难想象自己从未经历过的生活方式。

这就是为什么可能的自我会成为行为的动机，特别是当它们与效率和作用有关的时候。在这里，我们通过为吉米和简建立一系列场景来给出"可能的自我"这个操作化概念。这些情景给了我们机会进行替代性排序和转换，并跟踪有形和无形资产之间的长期平衡。这些不同的场景是表达我们面临的一些关键问题的具体方法，创建了通往理想位置并避免不理想位置的方法评估基础。

当我们与在伦敦商学院攻读 MBA 的学生合作时，他们创造的场景有力地揭示了一些有待辩论和解决的隐性偏见和冲突。我们很快就提出了一些问题，例如：你想一生都获得高收入吗？你如何与一个人保持合作关系？你准备承担多少风险？你觉得什么样的工作是有意义的？你想对社会做出什么贡献？你是否充分利用了各种可能性？你是不是太传统了？

最终，你对自己的设想将围绕自己的独特需求、渴望、愿望和欲望来展开。这种一体化是为了让你做出设想，但我们希望吉米和简的例子可以使你对自己的思考和规划提出一些有益的问题，并为我们稍后对休闲、财务和伴侣主题进行分析做好准备。

吉米的资产审计

吉米生于1971年，开始工作时，他想象着自己可以跟随杰克的脚步过三阶段人生。如果他在20岁的时候被要求做生活规划，他很可能会描绘一个大约在60~65岁退休的三阶段人生。让他现在这样做规划，他会发现很难做出一份清晰的规划。所以，在40多岁的时候，我们为吉米设想的情景就是，他在思考下一个人生阶段时可以做出的选择。

我们首先评估吉米当前的有形资产和无形资产，以了解他面临的选择和挑战。然后，我们对他的未来生活进行展望，设想了三个场景，每个场景都涉及一个中心问题。

吉米在45岁左右时的工作生活可以分为四个不同的阶段，如图5.1所示，显示了他进行投资时的资产余额上升，而在其他时候，他的资产因缺乏关注而贬值。

吉米从21岁开始工作，毕业时获得了计算机学位，现在45岁。从财务角度看，他和许多人一样，要偿还学费和生活费积累的债务。大学毕业后，他比较容易地找到了工作，加入了当地镇上的一家中型信息技术公司TransEx（第一阶段）。在接下来的5年中，吉米在一个为各种客户提供后台信息技术服务的团队中工作。他开始偿还债务，但还没有准备买房子，而且他的资产依然是负数。

在 26 岁的时候，吉米跳槽到了一家大型零售公司败家杀手（Smartbuy）的信息技术部门工作（第二阶段）。败家杀手雇用了 850 人，是吉米的前客户。他现在和一个约 12 人的团队一起工作，团队中一些人还在公司的另一个分支机构工作。团队领导负责对他进行指导，支持他发展他的合作技能。他在 30 岁的时候晋升为领导，负责四个地方的信息技术团队。所以每两周他都会到这些地方了解团队情况，并和经理进行交流。这对他家人的影响是，他每周都要离家两三天。当吉米在败家杀手的管理阶梯上爬升时，他能够开始储蓄，为买房子存钱。在他进行管理工作的早期阶段，公司决定将信息技术后台的一半外包给印度孟买的公司。吉米负责与印度的信息技术供应商进行谈判，并两次探访了孟买的外包公司。

这一切都很顺利，但到了 39 岁，吉米失业了。外包谈判非常成功，执行团队决定将整个信息技术后台搬到印度。这一切都在吉米的意料之外，他需要时间找到另一份工作。时间来到了 2010 年，世界仍然处于 2008 年银行业崩溃的压力之下。许多公司决定冻结招聘工作，而吉米还在挣扎是否能找到合适的工作。

这就是为什么他决定做一个自由职业者。在接下来的两年里，他成了一名独立的信息技术专家，以小时计算工资，并建了一个网站来宣传他的技能（第三阶段）。在财务上，这是一个艰难时期。他和妻子珍妮已经停止了储蓄，不得不重新用房子按揭贷款偿还家庭开销。

到 2012 年，事情开始好转，公司再次开始招聘，吉米向 30 多家公司递出了简历。最终，经过长时间的选拔过程，他获得了在离家 400 英里的信息技术咨询公司 SPG 工作的机会（第四阶段）。获得这份工作使他感到兴奋，因为薪酬有了很大提升，他可以开始偿还抵押贷款并再次进行储蓄。但是，他必须举家搬迁到工作的城市。吉米现在 41 岁，刚进公司，就很快成了一个团队的领导。这一次，他要管理一个由 15 名信息技术顾问组成的团队。吉米发现在这家公司工作很辛苦。高级团队成员之间竞争激烈，每周都要计算公司收入并进行沟通，公司的各个团队为了客户工作而积极竞争。

◎ **经常收支**

如果我们现在对吉米的无形资产和有形资产进行评估，那么审计结果将如何？我们把吉米资产上升和贬值的情况绘制在了图 5.1 中。

152　百岁人生

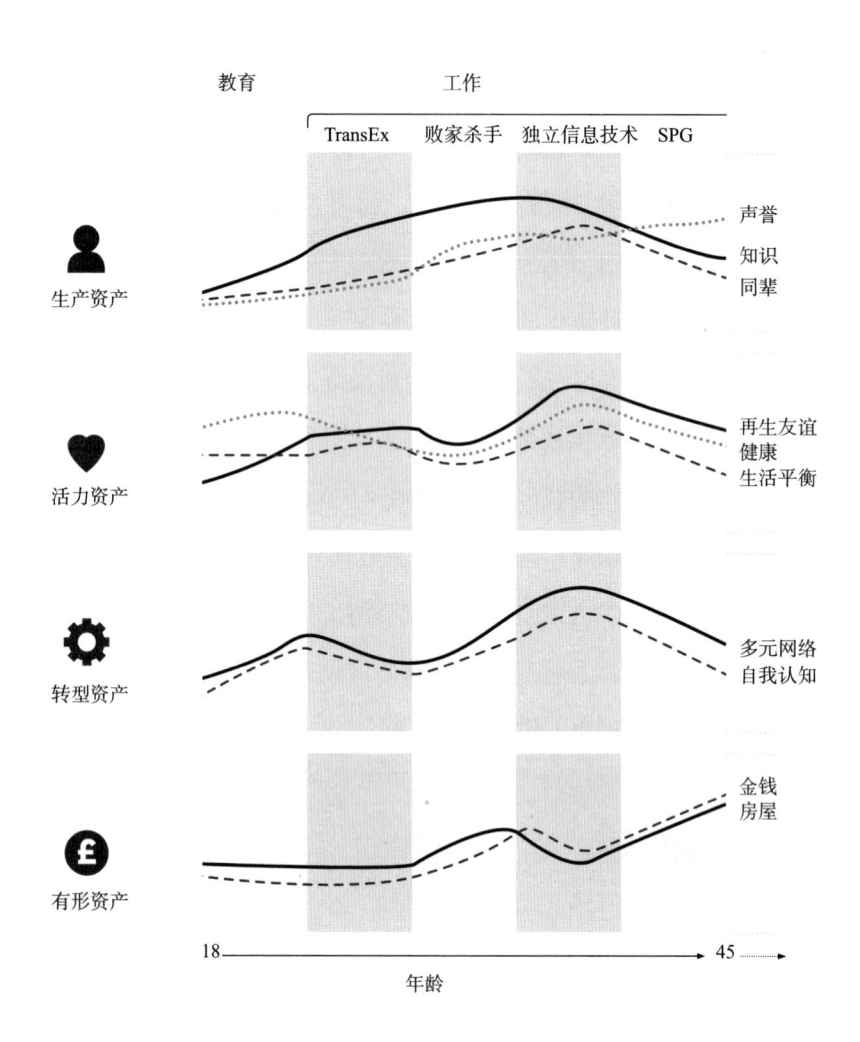

图 5.1　吉米的资产流动

生产资产：吉米在攻读技术学位时对知识和技能进行了初步投资，然后深化了对信息技术系统的掌握，并开始在 TransEx（第一阶段）发展自己的管理能力。当他了解到印度信息技术外包市场以及如何管理复杂的结盟团队后，他在败家杀手（第二阶段）工作的这段经历使他收获了新的才能。这段资产升值期在他进入 SPG（第四阶段）后结束，他管理团队的技能在 SPG 用不上。相反，他专注于日常交付，几乎没有发展自己和学习的时间。因此，他的知识和技能在这段时间里开始消耗。

吉米开发了两个重要的团队来支撑他的生产资产：败家杀手（第二阶段）的团队，以及他作为独立信息技术专家时学到的信息技术专业知识（第三阶段）。然而，随着吉米在 SPG（第四阶段）的工作压力越来越大，他在不经意间忽略了两个网络，它们开始萎缩，他也没有建立任何其他的网络。这就是吉米的生产资产在他 45 岁时在图像上显示为下降的原因。

活力资产：对于吉米以及许多人来说，大学是创造再生友谊基础的时候。他在大学毕业后很快就结婚了，三个孩子中的第一个也在几年后出生了。那时候他还在 TransEx 工作（第一阶段），他们一家人很快就和孩子朋友的父母建立了一个良好的社区团体。珍妮在抚养孩子的同时也在做兼职工作，她退休的父母会在早上或晚上过来帮忙。这些都是吉米活力资产的好年景。在败家杀手工作的那段时间更加辛苦（第二阶段）：孩子们正在长大，吉米要给予他们更多的关注，他每周不在家的时候，家里人都觉得很难熬。珍妮的父母出去旅行的日子变多了，因此不能常来帮她照看孩子，所以她觉得兼顾兼职工作十分费力。两人的婚姻关系依然稳固，但吉米因为离开家无法多花时间和孩子们在一起而感到内疚。在一个积极的开始之后，他的活力开始下降。

但是，这种平衡在他作为独立自由职业者（第三阶段）的两年时间里发生了变化。他花在孩子身上的时间更多了，还重新与老朋友建立了联系，与珍妮一起度了几次假。这些日子里他的有形资产可能不太乐观，但他对自己的无形资产进行了大力投资。

经过努力，在SPG年（第四阶段）工作的那些年里，他的活力资产开始恶化。他长时间工作，回家时常常感到沮丧和烦恼。珍妮对他的坏脾气感到不安，觉得一直被工作压着的吉米把压力都发泄在了家人身上。他的手机从不关机，晚上和周末也经常打电话。吉米工作之外几乎没有时间，但他必须保住自己的友谊。珍妮希望吉米对她能多一些关注，她想再次开始工作，对吉米无法给她更多的支持感到愤怒。

转型资产：吉米扩展自己网络的时期有两个，一个是当他进入败家杀手（第二阶段）并与孟买的外包业务联系在一起的时候，还有一个是他在做独立信息技术专家（第三阶段）的时候。在这两段时间里，他开始增强自己的转型能力，拓展自我知识，对新体验保持着开放态度。在SPG（第四阶段工作）期间，他既没有投资建立更多元的网络，也没有花时间去思考自己和自己的生活。

有形资产：和许多人一样，吉米在开始工作时还背负着受教育时积累的债务。直到进入败家杀手（第二阶段），他才可以开始为买房按揭了贷款，把15%的收入存了起来。在做独立信息技术专家的那些年里，随着他与朋友重新建立了联系，他变得更加健康，无形资产也增加了，但他的有形资产却因为房屋转按揭而贬值了。他的主要有形投资来自进入SPG后增长的薪水，家庭储蓄率回到了以前的水平。

所以现在40多岁的吉米正处于这样一个阶段，他终于重建了他的有形资产，而他的无形资产却开始耗尽。下半场的人生正摆在他的面前，他有什么样的选择？

◎ 三阶段人生情景设想

一种可能的办法是像杰克那样，依靠一开始的教育投资，完成三阶段人生后在65岁退休。

2021年的吉米：吉米现在50岁，发现在一个快速变化的技术世界中，他的技能越来越过时。他也因此开始注意到，他在工作中被越来越多地边缘化。他回顾了一下自己的有形资产：在过去5年里，他已经开始存钱，在那之前，他还在艰难度日。做了一番粗略计算后，他意识到他没有足够的储蓄能让他在65岁退休。

2031年的吉米：吉米现在60岁，财务投资和无形资产不足使他越来越担忧自己的未来。虽然最近的储蓄改善了他的财务资产状况，但他仍然没有足够的钱支付50%的养老金。此外，他发现他的国家养老金已被削减，而且在2034年，国家退休年龄将增长到70岁。他工作的第一家公司为他提供了企业养老金，但他后来工作的公司减少了这笔款项支出。他的无形资产也耗尽了。由于缺乏对学习和教育的大力投资，他的技能衰退，他发现自己不得不找一份所需技能水平低、工资也低的工作。他希望在退休后创造一个"投资组合"的生活，却发现他实际缺乏必要的专业技能、知识或合伙人和客户网络。

2041年的吉米：现在70岁的吉米发现获得高薪工作更难了，他决定不再做全职工作。他发现自己收入低，生活比他想象的要艰难得多。

我们的上述情景设想是以过去的情况为依据做出的。在这一情景下，吉米对他周围的现实变化视若无睹。他没有暂时停下来对即将可能发生的事情进行反思，也没有积极地对未来做出规划。当然，吉米可以开展不同版本的三阶段人生，有的可以减少温迪妮诅咒的影响。

人生第三阶段捕捉到了两个因素，它们会使数百万像吉米那样正在遵循这一道路的人陷入困境。第一是历史储蓄不足：吉米在五六十岁的时候财务准备不足。第二是缺乏对无形资产的投资：过度依赖初期教育和职业生涯早期建立的"小团体"，使吉米在以后的职业生涯中只能勉强保住自己的职位和收入。

◎ 三个半阶段人生情景设想

我们认为，如果吉米要改变这一命运，现在还来得及。但是，如果他想要更有成效的长寿人生，他必须面对他做出的选择，做出决定，并用上他的效力（"我有能力这样做"）和意志力（"我有实现这一目标的自制力和意愿"）。换句话说，他不能这么被动。我们可以把可能的自我划分成最雄心勃勃的自我到抱负不大的自我。我们从抱负不那么大的人生道路开始，仅给他的职业生涯多加半个阶段。这半个阶段需要他做一些更新或改变，但不需要大力投资无形资产或大量使用转型资产。我们看到三个半阶段人生最适用于那些更想要规避风险而且不想在45岁左右承担巨大潜在风险变化的人。又或者，这种情景可能适用于年龄较大的人，他们更接近退休年龄，没有足够的时间进行更多的实质性转型。

现在我们来想象一下 2026 年 55 岁的吉米。国家宣布退休年龄为 70 岁，这使他开始行动起来了。他意识到，他目前的技能在 SPG 已经不那么有价值了，无法支撑他在竞争对手公司中获得高薪的工作。但他估计，自己至少还要工作 15 年。离他家几条街的地方有一家进修教育学院，以前在败家杀手的老朋友是那里的部门负责人。他给吉米提供了一个每周教一晚信息技术和管理课程的机会。薪酬并不多，而且吉米教不了学生渴望学习的热点话题，以保住在增长最快的新公司的工作。那里还有很多像吉米这样的人在提供服务，但吉米做得一丝不苟，深得学生赞赏，所以在 2030 年的时候，他得到职位邀约，使他能够从 SPG 辞职，全职在大学教书。吉米的薪水比以前少了，但他感觉自己得到了更好的利用，当然也更受他人欣赏。这段更好的时光可以帮助他在工作和在家中与珍妮和他的第一个孙辈朱莉度过的时间中找到平衡。

从财务角度来看，这个工作的真正优势在于，即使薪水只够支付生活费用，但吉米每工作一年，他就不会减少养老金的入资。重要的是，这些年由于薪资较低，吉米和珍妮下调了生活水平，这也将确保吉米的养老金可以维持的时间更长。当然，他们的房子看起来有些破旧，他在大学的工作和工资意味着他和珍妮不能像很多朋友那样去旅行，但还有许多人比他们更糟糕。

三阶段人生与三个半阶段人生没有任何重大差异，但是三个半阶段人生更适用于吉米，因为找到了一份工作，吉米可以在 70 多岁的时候将生活继续维持下去。吉米得到这份工作主要是靠运气（他在败家杀手结识的老朋友在当地的大学工作），以及吉米对人生有意识的控制，新机会才得以开辟。他早早地采取行动以避免三阶段人生的失败，从而延续他的财务资产。

但是，这三个半阶段人生并不涉及吉米的重大改变。他只是沿着这条路安静地过渡到了大学工作，这并不算重大转变。他仍然在同一个行业工作，仍在谈论同样的事情。这对于吉米来说成了一个问题。虽然他被认为是部门里的一个好同事，但很明显，他的经验和知识每年都在变得更加过时。当他 2042 年 71 岁退休时，甚至没有人给他举办告别晚会，因为许多教师都以为他已经离职了。改写迪伦·托马斯（Dylan Thomas）的话来说，就是吉米非常温和地走进了那个良夜。

我们当然还有其他的三个半阶段人生情景设想。吉米可以工作到 65 岁，然后通过 SPG 或通过他与该行业人士的接触来确保一些兼职咨询工作。但是，这实现起来并不简单。吉米需要有用的相关技能，考虑到他的年龄，他离开 SPG 后的日子会更加困难。SPG 总需要有他们认识和信任的人，能在公司忙不过来的时候来帮一下忙。吉米很乐意效劳。偶尔的咨询使他不至于无所事事，每年他赚的钱使他不必领取养老金。吉米深深地意识到他的养老金不能长期支持他的消费支出。

其他三个半阶段人生情景设想是吉米会离开信息技术行业，但仍然没有真正经历任何形式的转型。例如，吉米和珍妮的老朋友在邻近的城市经营了一家商店，非常高兴地为吉米提供了一份固定工作——帮忙记账和监管其他员工。吉米拥有丰富的管理经验，他们完全信任他。他们知道账上涉及的数目不多，但正如吉米所言，每一分钱都有它的用处。吉米很爱社交，十分享受与大家进行互动。

所有这些三个半阶段人生情景设想都只在一个层面上起作用。虽然它们对增加有形资产无益，却缩短了吉米资产耗尽的时间，从而有助于实现有形资产的平衡。在所有这些情景中，吉米有更多的时间关注他的活力资产：他的朋友和家人、个人健身以及心理健康。然而，它们对生产资产的作用不大，并且很少使用跨组合资产。这些三个半阶段人生情景设想都缺乏对有形资产或无形资产的投资，而且没有涉及重大转变。然而，它们确实包括足够多的变化，无论这些变化有多小，它们都使三阶段人生更加美好。然而，缺乏重大的资产投资和转型变化意味着这半个额外的阶段更多的是三阶段人生的一种补充。它延长的时间越长，缺乏投资这个问题就越严重。

四阶段人生情景设想

我们还为吉米设想了更多的情景。这些可能的自我可能会选择做更多的投资，承担更多风险，并经历更多的变革和转型。我们对两种设想进行了考虑。这两种情景设想都基于有意识地努力来做出坚定的改变和转型，所以我们将它们命名为四阶段人生情景设想，突出了第四个新阶段。在第一种设想中，吉米继续在信息技术行业工作，但经历了个人转型，并创建了职业组合。在第二种设想中，吉米冒着重大风险，启动创建了自己的公司。这些与三个半阶段人生的区别在于，吉米在早期意识到了变革的需要，职业生涯的剩余时间给了他做出改变的时间。

◎ **第四阶段——职业组合**

2016 年的吉米：今年是 45 岁的吉米真正开发和使用自己转型资产的一年。通过退一步反思自己的人生和周围的世界，他加强了对自我的认知。他开始理解他所面临的变化，并且在进行一些财务计算时，意识到提前退休会使他拥有的财务资产非常有限。他接受了必须延长工作年限这一事实。对信息技术行业的工作及技术迅猛发展进行了深度思考之后，他认为在学习一些新技能之后，他进入高增长行业的可能性会增加。他正在把精力用于提高自己的效能，当他和珍妮谈过之后，他确信他可以延展自己的技能。

吉米知道他必须做一些短期的改变，并提高他的技能。但他具体要怎么做？这就是他的专业朋友"小团体"派上用场的地方。他们指出，他的培训计划应该旨在提升他在部分信息技术热点领域的技能。他和他的部门经理谈了话，很明显，他目前所在的公司 SPG 并不准备资助他的发展。所以他做了一个 180 度的转变。他决定每周拿出两个晚上和每个周末来完成这个课程。他课程的一部分是在线接受同侪培训，每隔一个星期六，他会和其他正在学习这门课程的人见面。简单地说，吉米决定将他的娱乐时间用来再创造。虽然艰难，但这门课程使他获得了更强大的技能，并向他引介了一个积极的全新工作团队。更重要的是，他最终获得了业内知名证书。一旦吉米进行了投资，并且将课程证书收入囊中，他就可以开始寻找新的工作。这并不简单。吉米后悔加入 SPG，他不想再犯同样的错误，所以他开始进行详细的搜索。他坚决不会再加入一家在员工发展方面如此差劲的公司。经过长时间的搜索，他最终获得了孟买大型全球信息技术公司提供的一份工作。他的研究使他相信，该公司采取的是发展的态度，真正重视他管理虚拟团队和支持复杂合作伙伴关系的能力。

吉米也一直在努力思考管理活力资产的方式，他觉得自己没有实现家庭和工作之间的平衡。他已经习惯于成为家里主要的经济支柱，也习惯了妻子珍妮扮演的传统角色。但是，当他仔细听了珍妮的话后，他意识到他们伴侣关系的互动必须有所转变。珍妮想重新做回全职工作，但这样做的前提是，他们必须改变家庭规则。所以他和珍妮坐下来，开始重新商讨他们的伴侣关系及其角色和责任，这一过程经常是痛苦的。从此，他们做出了许多双方都去工作的承诺。

他们也在互相仔细观察他们的健康状况。他们很清楚，多年的辛勤工作已经使他们的健康受到损害。他们两人都体重超标，运动不足。他们知道这将影响他们在生活中想要进行改变的能力，所以决定专注于健康，并付诸行动。他们去了当地的健身房，吃东西也很注意。吉米工作的公司还有一个支持癌症慈善机构的马拉松计划，而他和珍妮报名参加了半程马拉松。

2021年的吉米：吉米在纽约庆祝了他50岁的生日，参加了马拉松赛。对他而言，过去10年是美好的10年。他加入的公司致力于支持他的发展，每年给他10天时间选择参加他想要参加的发展活动。所以过去10年中的每一年，他都对他的发展进行持续和年度投资。在第一年，他加强了管理虚拟团队的技能；第二年，他学到了更多有关扩张的知识；在第三年，他学习了与最新的机器人有关的课程。这些不断的投资给吉米带来了回报，他也喜欢他的工作。

在 2021 年，他像以前一样仔细考虑他的下一个 10 年计划。当他展望未来时，他知道建立广泛的工作组合将对他很重要，他也意识到他现在就需要开始准备。他不想离开公司的全职工作，但他也想赌一赌，做一些投资。他做的其中一项投资是开展高水平的项目管理开发计划。公司准备给他两个星期的时间去上课，他还每年把 10 个周末的时间花在同一个项目经理的住宿课程上。他开始在全球建立更广泛的项目经理网络。他的研究表明，全球在这一领域有三个积极的实践团体，他也加入了这个领域。他成了全球项目经理，并获得了相关技能认证。

2036 年的吉米：到 65 岁，吉米和珍妮还没有退休的想法。吉米两年前离开印度的信息技术公司，现在在做认证项目经理。他对之前确定的三个全球社区建立联系投资了 10 年，他开始得到回报，他的技能现在正迎合了需求。他的孩子现在已经经济独立，而且已经开始专门在撒哈拉以南的非洲地区开展大规模的信息技术项目。珍妮在继续工作，很高兴能在吉米不在的时候建立更加独立的生活。吉米过上了他想要的组合人生：他有着宝贵的技能，能够找到有趣的工作，甚至在将近 80 岁的时候，仍然具备市场需求。

关于四阶段人生的财务状况，如果吉米工作到 77 岁，他的投资组合工资与他最后一份工作的收入相同，那么他只需要大约 8.5% 的固定储蓄率。他之后能够退休，是因为他早就对他的生产资产和活力资产进行了投资。正是这种平衡改变了吉米的财务状况。在之前吉米三阶段工作生活的财务计算中，我们的计算结果表明，工作 44 年和退休 20 年的话，他需要将储蓄率固定在 17%（也许是不可能的）。在四阶段人生中，他的工作时长为 56 年，退休时长为 8 年。

◎ 第四阶段——企业家

在前一个情景设想中，吉米对他的生产和活力资产做了一些重要的投资决定，并且真正提升了他的转型资产。在 60 多岁的时候，他通过塑造职业组合，为他的人生增添了一个新阶段。但是，如果吉米在 45 岁的时候就下定决心承担风险并行动起来，他的人生会如何展开？在这一个情景设想中，吉米做出了一个更大的人生决定，决定承担风险成为企业家，或者说是成为我们所称的"独立生产者"。这种情况又会如何？

2016 年的吉米：我们从吉米对人生的反思开始，但一开始就卡住了。在 SPG 工作很辛苦，给家庭生活带来了很大的压力。他伤感地回想起当时个体经营的那段日子，他还能再来一次吗？吉米面临的挑战是，他要养活一家人，还要偿还抵押贷款，计算一下他的有形资产，发现他的有形资产不足以支撑他在 70 岁之前退休。

所以，和在职业组合情景设想中一样，他坚定了意志，决定把他的一些娱乐时间用来进行再创造。但他用这些额外时间做的事情与上一个假设不同。在接下来的两年里，他把周末和假期用来为实现飞跃做准备。他把精力集中在三个方面：首先是通过密切关注信息技术市场来加强自我认知。他得出结论，许多初创公司都需要低成本的后台，所以他激活了他的旧网络，和印度的前同事取得了联系。查找和联系同事花去了一些时间，但大多数人都很高兴可以重振他们的联盟。当他和同事们联系的时候，他们会同他讲他们在印度的工作进展。老同事中有几个人现在掌握云技术的尖端技术。吉米决定从SPG请一个星期的假，去印度看看同事们目前的进展，并参观一下他们的办公室。

吉米调查得越深入，就越发现这个计划的商业价值有多大。所以他决定采取行动，开始进一步了解这些技术。他开发了一系列支线项目，尝试了一下自己能做什么。例如，他加入了当地一家每周举行会面的企业家俱乐部。他还注册了会计和营销的在线课程。在企业家俱乐部，他新认识了一大批人，其中有些人已经在经营自己的生意。他的梦想变得更加具体，在考虑新项目时，他做出了一个重大决定。他意识到，他所居住的城市根本不足以支撑可能会成为自己新客户的大批此类初创公司。所以他采取更进一步的策略，说服了他在SPG的老板，把他调到了一个小公司蓬勃发展的大城市。在到达新城市的几周内，吉米和小企业的业主建立了联系。他一边和他们喝咖啡，一边听他们讲述自己事业带来的沮丧和压力。在他之前的印度之旅中，他遇到了与两家印度外包公司有着密切工作关系的鲍勃（Bob）。当吉米进一步考虑他面临的选择时，他开始意识到鲍勃会是进行合作的好伙伴。鲍勃对行业和定位很了解，并指明了方向——获取政府资助计划的支持，培训初创企业，并提供种子资金。

2019年的吉米：三年后，吉米准备进行飞跃。他在SPG期间参与的所有支线项目都开始有所回报。他觉得他对云技术有了足够的了解，与印度的供应商也有着密切的联系，自己处于高增长小企业集群的核心地位，与政府机构有良好的联系。在过去几年里，他和珍妮也借机密切注视他们的开支，并决定改变他们的一些生活方式，以减少他们的总体支出。他们已经不再去海外度假，取消了高尔夫俱乐部会员注册，并试图过比较朴素的生活。这使他们有了一小笔积蓄，同时确保一家人能够习惯更加朴素的生活。

在2020年年初，吉米与鲍勃一起成立了自己的公司。他们把它命名为YourIT（你的信息技术），但他并不是想要创办一家跨国公司，他和鲍勃想要创办的是一家可行的公司。他们的头两个客户来自他们所在的集群，他们与印度的合作伙伴密切合作，提供低成本的高效服务。

在这种情景设想中，吉米的生活将如何开展？许多其他50岁以上的人已经和吉米一样决定开创自己的公司，当然有一些人是因为他们没有别的选择。而吉米身上有趣的一点是，创办公司是他经过规划和准备而做出的决定。他三年前开始整顿他的有形资产和无形资产，实验和支线项目给了他很多机会去更多地了解自己和市场。当然，失业者和个体经营者很难进行这一规划。然而，许多小企业都失败了，我们可以认为，吉米的企业也很可能会失败。但是由于他已经在发展他的有形和无形资产，特别是加强了他的转型资产，我们设想他还可以进行选择。即使他失败了，他仍然有能力回到我们前面描述的职业组合阶段。

在这种情景设想和职业组合第四阶段的情景设想中，吉米都必须睁大眼睛看清目前的情况，并且缜密地思考未来的形势。一旦他进入了这种自我认知模式，敞开心扉接受新经历，他就能够处理他的选择带来的后果。这正好帮助他意识到他必须大力投资于新技能的学习。在这两种情景设想下，吉米有致力于进行重大转型和再创造的勇气。我们认为做出这样的承诺并不容易。在描述这两种情景时，我们使它们听起来相对简单，并且其结果都是成功的。当然，并不是所有尝试创造组合职业或在后期阶段做企业家的人都会成功。有些人少了些运气，有些人未能真正发展自己需要的技能或与他人建立所需的联系,还有的人并没有准备好投入时间或精力。我们认为,即使是那些成功实现转型的人也会发现变革带给他们的压力有多大,挑战有多大。这当然是转型资产如此重要的原因。能够对自我认知、建立新的动态网络进行投资,并敞开心扉去接受新经历,这正是这些后期情景设想成功实现的要素。

考虑到他们要付出的努力和关注,这些四阶段人生情景设想有哪些优点?这两种情景设想都有助于建立和强化有形和无形资产;都会使他们的高收入时间更长,从而有助于支付比重更大的养老金;都有更强大的生产资产和活力资产力量。当然,我们描绘的两个四阶段人生之间也存在着重要的区别。第四阶段做企业家在财务资产和无形资产方面面临风险和压力。组合职业生涯使吉米和珍妮可以享受更多共同度过的时间。吉米自己的喜好和出发点,决定了吉米对这两种情景设想的选择。

简的情景设想

如果你比吉米年轻,可能会觉得你受到的约束不大,拥有的选择更多。在吉米的情景设想中,他已人到中年,所以起点在45岁左右这一点会对他产生限制。与之相比,简在成年时就开始行动,灵活性更大。她生于1998年,摆在她面前的是未来的整个人生。这对于她来说意味着什么，她会有怎样的情景设想？

令吉米感到不适的三阶段人生发生在简身上会导致完全的失败。需要延长工作年限这个第二阶段会使简无法发展她的无形资产。我们为吉米描述了第三个半人生阶段情景设想（在当地一所大学教书，在SPG当顾问，在朋友的商店工作），勉强可以支付长寿人生中的各项支出，并通过集中的、小型的再投资来维持无形资产。简也可以尝试和使用类似方法将人生阶段变成三个半，但是我们不禁想到这是不可能成功的，因为简的寿命更长。三个半人生阶段这一办法存在的问题处在有形资产和无形资产上。就财务状况而言，三个半人生阶段情景设想中的收入相对微薄，长期如此无助于简积累足够的养老金。至于无形资产，即使对于吉米来说，这种做法也在消耗他的生产资产。无论是当老师还是当顾问，他的知识和经验都越来越过时。

很明显，简的人生结构必须是四个阶段甚至五个阶段的情景设想。考虑到简的工作生涯长度，她需要对其无形资产进行大量再投资，并在再创造和转型方面认真努力。在第三个半阶段中，吉米在投资和转型方面所做的努力是根本不够的。

◎ 简的四阶段人生情景设想

所以，考虑到简的寿命，如果她真的跟随吉米的脚步去追求分成四个阶段的生活，效果如何呢？她能否持续工作，然后在她生产生活的最后几十年里创建组合人生？如果她可以设法存储工资的 14%，那么根据图 2.7 的分析，她要养老金达到最终薪金的 50%，就必须工作到 80 岁。考虑到 60 年的工作生涯，基于四阶段人生组合模式（教育 / 工作 / 组合 / 退休）的情景设想是否可行？

简将在 2019 年左右进入就业市场。在接下来的几十年中，许多高技能和低技能的常规工作将不断消失。因此，简不得不投入大量的时间来发展新的技能，并且远瞻市场的未来发展。她可以通过接受在职辅导和在职培训来保存生产资产，并花一些时间接受再教育。如果她想在工作中发展新的便携式技能，必须要找一家支持她这样做的公司。正如吉米在他的职业生涯中发现的那样，公司在支持员工发展便携式技能方面的能力和热情不同。但即使简可以这样做，在职培训是否足以使她获取最新的技能？结果可能是否定的。我们的猜测是，她还必须酌情重新分配一些她的休闲时间用于再创作。换言之，与四阶段人生情景设想中的吉米一样，简也要在她人生中的一段时间里把周末和假期都用于发展和学习。如果简不准备对她的生产资产进行持续性投资，就不可能将技能保持在必要水平。

她能在如此长时间的不间断工作中维持活力资产吗？如果她工作60年而没有大的休整，她的活力资产一定会被耗尽吗？如果她在一家传统的公司工作，朝九晚六，每年只有三四个假期的话，她的活力资产确实会被耗尽。那么简有可能积极地找到一家每周工作时间不到5天的公司吗？按照惯例，一周内工作时间较短的工作，可以给她一个急需的机会，来增强技能和重振自我。这绝对不是大多数企业目前的常态。但我们认为，在简30多岁的时候，一些公司会改变目前的做法。正如我们在第8章的休闲建议中指出的那样，三天周末或四天工作日可能会强势替代现行做法，从而使人们在更长的工作生活中保持活力。

◎ 五阶段人生情景设想

所以，如果简不断地重振并重新激活她的活力和生产资产，那么她的四阶段人生就可以奏效。但是，她比吉米拥有更多的选择，因此也可以构建更多的情景设想。如果简在转型时更加熟练，那么她可以超越四阶段人生，构建五阶段人生。

2019年的简：简到了20多岁，知道她很有可能会拥有百岁人生，她做出的决定都基于这种可能性。她决定推迟做直接重大承诺的时间，转而探索她有什么选择。所以，从大学毕业，获得了现代历史学士学位后，她决定去旅行。在她人生的这一阶段，她资产不多，乐于从事轻松的工作。这是一个探险阶段。当她在全球旅行时，遇到了许多不同的人，并开始广泛建立朋友和熟人网络，为她的转型资产（第一阶段）打下了强大的基础。我们假设她游历了阿根廷和智利，在旅途中学习了拉美文化。为了加强自己的语言技能，她留在了布宜诺斯艾利斯，并参加了为期三个月的速成语言课程，通过了资格考试。简一直喜欢烹饪，着迷于拉丁美洲城市的街头美食。她在网络弹出窗口看到了工作机会，兴奋地想到她可以把这个主意用到"弹出式"的宗教节日上。她西班牙语讲得很好，联系了几个城市的节日组织者，开始真正了解这次交易。她从中赚不到多少钱，但足够支付她的住宿费用。在她人生的这一早期阶段，简开始磨炼她的组织技巧，学习与预算相关的基础知识，并与拉丁美洲的节日组织建立了一个网络，同时收获了许多乐趣和享受。回家后，她仍和旅途中认识到的朋友保持着联系，并开始进口一些节日用具，为一些朋友的生日聚会组织节日活动。

2026年的简：简现在快30岁了，对开展这个业务感到非常兴奋，所以她说服了几个朋友和她一起创业。这是第二阶段，她成了一个独立的制片人。她冒的第一个大险是组织了几场街头宗教节日。但是，像许多自己经营生意的人一样，她正在努力争取让自己的财务状况走上正轨。正是在这时候，她遇到了萨姆（Sam），她有把生意做得赚钱的经验。她把其他人尝试经营弹出式活动的人介绍给简认识，并且说服她扩大融资。到2026年，众包市场已经真正起飞，简果断行动起来去寻找支持她创业的人。她需要积极建立自己的声誉，这在接下来的几年里是她的关注重点。萨姆向她展示了如何做出一个真正充满活力和激动人心的虚拟在线展示，她的周更博客吸引了一大批爱好者。渐渐地，她的宗教节日活动吸引了成千上万人的关注，她开始建立一个蓬勃发展的在线社区。这个运行弹出式宗教节日的群体扩展到了其他城市和其他国家。简发现她在芬兰和韩国有很多追随者，并且在参观芬兰和韩国时度过了美好的时光，还和其他节日爱好者有过交谈。

这些是简进行自我认知和探索发现的日子。她正在更多地了解自己，了解自己喜欢做什么。她现在担心自己会做出以后会后悔多年的决定，所以她正在丰富那些可以拓宽世界观的经历。我们并没有期望简会在此时投资有形资产。这是大力投资无形资产的时期：创造选择，增强技能，建立网络，提高声誉，以及增加在未来的漫长岁月中所需的通货。她在这个人生阶段的资金来源，是用自己的新技巧赚足够过朴实生活的钱，使自己远离债务。

与简单的闲逛不同的是，简正在积极建立无形资产，拓展自己选择的余地。在学习一些基本的工作技能和建立在线声誉时，她的生产资产正在形成。与杰克不同的是，在广泛而有目的地的旅行和会见各种各样的人的过程中，她开始建立自己的转型资产，尤其是对展现自己的身份认同感起关键作用的多元网络。她正在进行创新和实验，学习技能和知识，了解自己擅长的是什么，以及她在自己可控的环境中喜欢做什么，而不受一个现有组织必然规则和程序的约束。

在这几年中，简真的逐渐增强了她的活力资产。在世界各地奔忙时，她非常努力地工作，她的生活一定是不太平衡的。但是在旅途中，她已经交了一些好到难以置信的朋友，她和他们一起工作，相交渐渐深厚。这些再生友谊将成为她对以后人生的重要投资。

在她早年的工作生涯中，简利用技术来策划丰富自己的经历和提高声誉。她在网络上的公开形象和她在创新方面取得的成就都在宣传她是谁，还会成为她未来事业的有效发射台。对于简和她的同龄人来说，她在网络上取得的一席之地以及她构建的网络会与她的学历一样重要。在这段时间里，简有许多个男朋友，但她没有对其中任何一个做出承诺，她想确保自己做出的选择是正确的。

2033 年的简：简现在已经 35 岁左右。她现在的选择是什么？一是继续加强业务，并使业务向着更加可持续的方向发展。

如果简把自己看作一个长期的企业家，那么这对于她来说是一个好路子。让我们假设简并不想要成为企业家，她还有什么选择？

简知道，在接下来的 10 年里，她非常需要巩固她的财务资产。到目前为止，她一直专注于建立无形资产和享受生活，但现在她需要在财务上做好迎接长寿人生的准备。她在探索和做小生意阶段过得很开心，也获得了很多启发。她强烈地感到了自己真正擅长的是什么，并开创了创新和变革的记录。她的声誉和在网络上的出现已经开始吸引大型公司高管的注意，一对夫妇邀请她加入他们的公司。他们认为她是一位在食品和娱乐行业有丰富经验的人，她的交际网络很完美，还有过创新的业绩记录，并且了解客户需求。所以，一家知名的食品公司联系了简，我们暂且称该公司为 EatWell（吃得好公司）。营销主管看了简的网站，对她把乐趣和食物糅合在一起的方式十分感兴趣。他们热衷于增强在线营销能力以及在世界各地策划食品活动，他们希望简可以成为这方面的帮手。

凭借在创新和直接与客户接触方面的知识和经验，简能够通过协商获得良好的起薪与合理的高级职位。在这一点上，简和大学毕业后直接进入公司的杰克不同。要让这成为简的选择之一，我们假设公司现在已经有所转变，变得更清楚谁是公司"生态系统"里的人，并且更擅长找到那些最有天赋的人才。

越来越多的公司将不再依赖内部人才的快速晋升，而是从广泛的外部网络来寻找有才干的人和创新人才。

现在35岁左右的简在努力适应企业文化。像许多从初创企业加入大公司的人一样，她对公司的决策拖沓和官僚作风感到厌烦。但是，她准备做好这项工作，并承担了几个可以大幅度提高薪水的海外派驻工作。

这是简继续打造生产资产的时候。她职业身份的真正重塑始于她的声誉从新企业员工转变为能够在企业界独当一面的人。这是她增强和拓展企业知识和专长的时候。她意识到自己在拉丁美洲的经验让她真正了解了创造可持续供应链方面的挑战，所以她花了三天的时间参加了一次与这个主题相关的研讨会。她遇到了一群来自其他大公司和NGO（非政府组织）的人，他们与她完全不同。所以在EatWell的第二年，她提出了一个建议。她将和位于亚马孙和卢旺达森林的团队合作，提供新的食物口味。对于简来说，这是一段异常忙碌的时间，因为她在了解实际正在发生的事。她还加强了和当地非政府组织的联系，这些非政府组织正与农民在可持续发展和运输问题上共同努力。简还在继续积极地打造自己的职业声誉：她撰写关于可持续供应链的博客文章，并在会议中发表讲话。

这时她也在建设她的活力资产。她继续与他人保持着稳固的友谊，确保她与童年和早年旅行时认识的朋友保持联系。像许多其他这个年龄的女性一样，简延迟了结婚和当妈妈的时间。但她现在已经 35 岁左右了，她可以感受到生物钟在滴答作响。正如我们前面所述，虽然人的寿命延长了，但没有证据表明女性的可生育年龄会被推迟。简的一些朋友在 25 岁左右的时候冻结了她们的卵子。简没有，现在她要解决她的个人问题了。她在巴西的旅行中遇到了与当地 NGO 合作的若热（Jorge）。他对可持续发展充满热情，两人展开了一段浪漫的爱情之旅。37 岁的时候，简生下了女儿莉莉，两年后生下了儿子卡洛斯。她和若热雇了一个年轻的巴西保姆帮忙。

2041 年的简：在 15 年艰苦但成功的工作生涯之后，简开始对她的公司感到沮丧。她已经升到了高级管理层，但随着新任 CEO（首席执行官）和新团队的到来，她感觉自己的上升空间可能已经到头了。所以她在热切地探索新的选择。在国际食品业工作了 20 年之后，简正在寻找新的工作。

现年 45 岁的简辞职了。这是一个艰难的决定。她还没有找到新的工作，这导致了家庭收入大幅下降。她的丈夫若热仍然在赚钱，所以经济虽然紧张，但仍在可控范围之内。简把这段时间花在了孩子的教育上，补偿过去未能和父母共享时光的遗憾。然而，简在 6 个月之后就意识到，她必须在几年后重新开始工作，她想回去工作，而且她需要钱。但是，当想到可能的自我时，她意识到自己想做一些改变。所以，她开始了她的第

第 5 章 情景篇：可能的自我　179

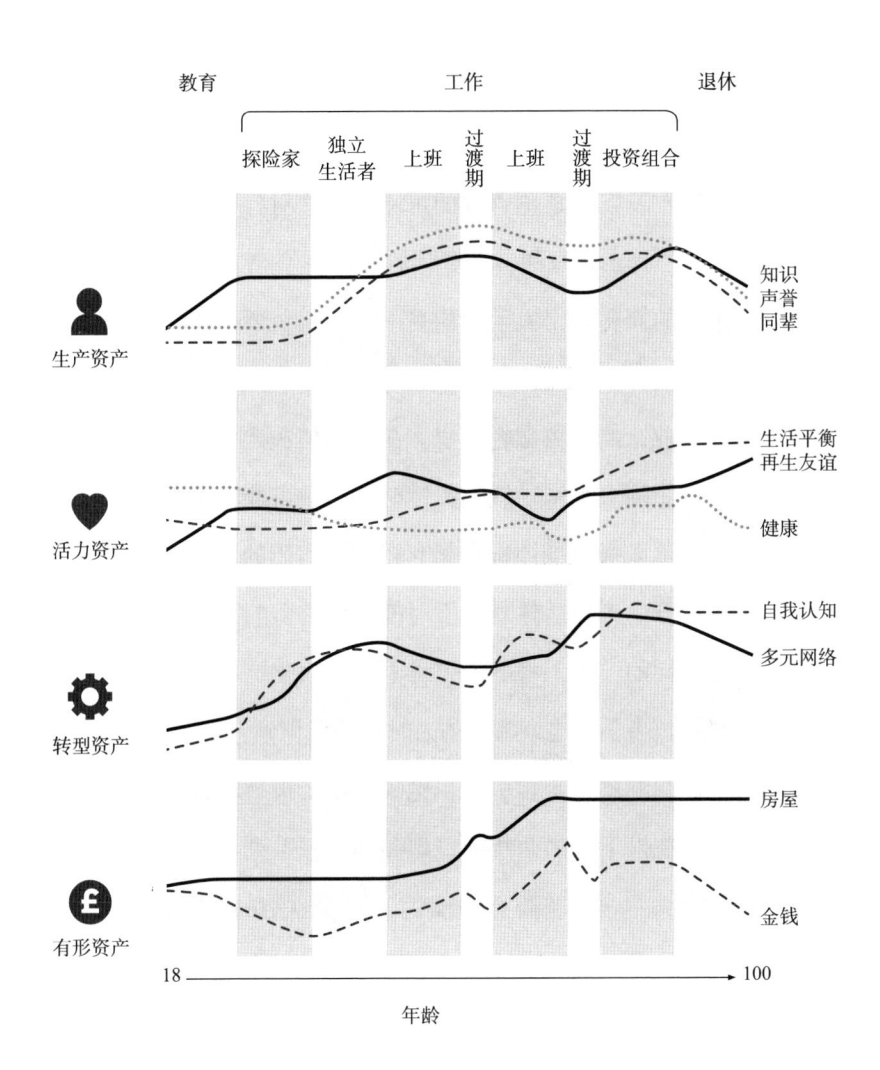

图 5.2　第五阶段人生情景下的资产流动

一次转型。最初的探险阶段是寻找自我身份的时候，所以这个阶段会让她重新评估她是谁，并且让她考虑自己的未来。她花时间和朋友及熟人谈论事情的可能性，并对各种选择进行了调查。这是她真正在加强转型资产的时候。

这时的简要做出人生中的另一个决定，要走哪一条路，她有许多个选择。她可以决定重新成立一家公司，她可以开始建立组合职业，或者留在企业里。简将如何决定？在45岁左右，她可能会想到未来是赚钱的关键时期，她可能会决定把时间用来积攒储蓄以偿还抵押贷款和支持即将离职的若热。若热打算在简重新开始工作后休息一段时间，他的目的和简当初离职的目的是一样的。为了将她的收入真正最大化，她决定成为一名猎头顾问。当联系这个领域的人时，她意识到自己有商业经验，但对人性的洞察不足。所以，她决定接受再教育，加强她的生产资产。在接下来的两年中，她参加了一系列在线课程并又攻读了一个大学学位（职业心理学）。这让她在猎头公司谋到了职位，加入了一家我们暂且称之为"人才网罗"（TalentFind）的公司。

2046年的简：在第五阶段，简的猎头顾问职业生涯始于48岁。她努力工作，希望事业有成。这是她真正专注于积累有形资产的阶段。在接下来的15年里，她在猎头行业换了几次工作，到60岁就被物色为一家大型猎头公司的执行董事。简的生产资产的关注点开始转移。她对他人进行指导和教导,并在职业网中发挥着更大的作用。不过,她知道她正在摧残她的活力资产,而且没有进行任何补充。她工作辛苦,常常出差,没有时间陪伴孩子和伴侣。

2068年的简:简在财务上获得了成功,资产也积累了起来,简现在面临着抉择。她可以继续积累有形资产,但在过去20年艰苦的工作中,她和朋友见面的时间越来越少,与伴侣的关系紧张,身体健康也开始恶化。她觉得自己要好好休息一下,花一点儿时间在自己身上。这时,她真正的重点在于补充她的活力资产。她的孩子们现在已经长大(孩子们处于探险阶段),这是和若热共享时光的完美时期,所以70岁的他们再次出发去旅行了。

2070年的简:简对进入下一阶段的工作生活感到欣慰和兴奋。她和周围的许多人一样都想工作,但又不希望工作责任太沉重,也不希望工作时间太长。这是她的转型资产真正突显出其作用的时候。她拥有多元的朋友和熟人网络,并没有花多长时间就组合了四个可以带来足够的资金来维持家庭生活方式,也使简感兴趣和兴奋的项目。她现在将她的生产资产集中在社区和更广阔的世界中。她发展了由一系列元素组成的组合职业。她每个星期在一个国际慈善机构工作一天(但每年只工作30个星期),为拉丁美洲流浪街头的小朋友提供帮助;在一家地区中等规模的零售公司担任非执行董事,每周工作一天;同意每两周提供一天当地治安官服务。

随着时间的推移,简的组合职业发生了变化,有时承担的责任少一些,有时甚至更多,但总是在慈善、社会和商业方面维持着平衡。85岁的简觉得现在真正到了退休的时候了。现在是时候和孙辈、曾孙一起共享天伦之乐了,每年她都带着他们到亚马孙去探访那些对她有着重要意义的地方。

简的钱是在漫长的工作生涯中累积起来的吗?我们可以问这样一个问题:她一生的储蓄率必须达到多少?在这种情景设想中,简的储蓄率计算更为复杂。她要支付养老金的阶段较短,因为她直到85岁才停止工作。但是她有两个明显的财务转型时期,也有一个很长的、没有储蓄的探险期。其实,她在35岁左右开始商业工作时才开始储蓄。因此,除了养老金,简还需要为这段时间的开销做储蓄。因此,我们必须做出一些假设。我们的第一个假设是,在20多岁到30岁进行探索和旅行的时候,她并没有存钱。但在这段时间里,她能够赚取足够的钱来支付她的生活费用,所以她在人生中的这一低收入阶段没有累积债务。考虑到这些假设,我们计算出她每一个工作年份(在EatWell、猎头公司以及组合职业工作期间)的储蓄率要达到10.9%,才能支付50%的养老金和转型时期的开销。[1]

在这种情景设想下,我们对简职业生涯的描绘已经相当直线条。当然，简还有许多其他路可以走。她可能更喜欢在企业的不同部门或不同职位曲折前进。在第五个阶段，如果她选择的不是组合职业生涯，她可能会决定以她对食物的热爱为基础发展。例如，她可以和丈夫若热一起开餐厅。或者她可能会回到早期做的食品行业，但这次会是一个级别更低、压力更小的职位。

所有这些变化所需的转型都不一样，每一种转型都会带来不同的挑战和问题。有的与在跨部门职业中保持声誉有关，还有的挑战与建立业务有关。但是从很多方面来说，最后一种可能性是最有趣的一种。公司生涯被描述为"梯子"，人们随着年龄增长往上攀爬。若决定选择食品行业的初级职位，简将打破规范，这当然也带来了一些与她个人身份有关的问题，她的雇主也会对此感到困惑。简在一个初级职位上可以做的贡献很多。她将和年轻人混在一起，他们会从简的身上学到很多东西。简既是他们的教练，又是他们的榜样，她也会从年轻人身上学到很多东西。她的的确确可以从这种"返老还童"中受益，增加活力资产，改进生活观，保持更长的年轻态。但是，她的部门经理可能会发现简很复杂，她过去是高级职员，现在却做着初级职员的工作，她有着比可以为公司利用更丰富的经验，这会成为不受信任和令上级忧虑的源头。我们认为，从企业"梯子"往上攀升或者下降的人会越来越多。人们对百岁人生做的必需调整有很多，这无疑会成为未来的一个主要议程。

◎ 简为何与众不同

和吉米一样，我们已经为简描绘了行得通的情景设想。当然，简追逐的路也存在明显的风险。例如，在多年旅行和做了多年孤身商人之后，她能否真正适应企业生活？

在旅行中，她有没有足够的动力和动机，在专注有趣的事物之余，增强技能来成立自己的公司？

在向学生授课时，我们建议其后退一步来评估他们对可能的看法和情景设想中存在的风险。我们要求他们进行风险评估，然后考虑如何从挫折中复原。关于吉米和简，我们写了那些正面的情景设想。我们没有考虑那些令人不悦和不受欢迎的冲击，例如失业、离婚或健康不佳。对各种情景设想的压力测试是人生规划的重要组成部分。

然而，很明显的是，即使简在这一五阶段人生中获得了成功，也没有经历不利的冲击，她仍然会经历一些重大的转型和变化。45岁左右的吉米意识到了转型资产的重要性，他认为自己正在开展的三阶段人生从这一刻真正开始了转变。而从一开始，简就把未来人生建立在转型概念基础之上。

另一个突出的区别是，简的五阶段情景设想揭示了在如此漫长的人生中保持活力带来的挑战。这就是为什么我们创造了两个时期，让简能够跳出目前的生活，花时间实现更新和转型。当她在扩展交际网络并更多地思考自己的身份时，能够增加她的转型资产。随着寿命延长，我们认为，划分用于再创造的时间块将成为补充无形资产和取得所需转型规模的常用方式。简将不得不将大量的休闲时间用作投资时间而不是消费时间，这些转型将需要更多的储蓄提供资金。

我们在这种情景设想中试图强调的另一个特征是身份。在人生阶段更多、职业生涯多样化的情况下，必须将这些活动紧紧地串联起来，将这些变成适合你的情景设想。这就是简初期的探索和旅行如此重要的原因。正因为简对她是谁和她最看重的东西有了清晰的认知，她所做的许多转型才变得连贯。简而言之，通过创造对过去和未来自我叙述的连贯性，简降低了从一个阶段转到另一个阶段的风险。

在四阶段和五阶段人生情景设想中出现的另一个问题是，我们要打造支持多阶段职业和转型所需的家庭关系。在三阶段人生的原型刻板印象中，杰克负责工作，他的妻子吉尔负责顾家。这就涉及了如何平衡有形和无形资产的问题，特别是杰克该如何平衡这两种资产。随着寿命延长，双收入家庭将变得更有吸引力，因为这样可以存下养老金，存下转型和再创造所需的钱。杰克和吉尔没有协调生活计划的必要，因为他们遵循了角色分工传统，使规划变得更加容易。双收入家庭需要在无形资产开发、阶段和转型序列上密切协调，这使规划变得更加复杂，更具挑战性。实现家庭的转型和改变需要相互支持和付出，伴侣要共同规划并且平衡人生的潮起潮落。

最后，与杰克相比，简的财务状况显示出剧烈的波动。在三阶段人生情景中，杰克的财富首先是缓慢下降，然后逐渐增加，在退休时达到高峰，然后再次下降：低谷和高峰都只有一个。所以对于杰克来说，他的收入高峰出现在接近工作生涯尽头的地方。相比之下，简的财务状况看起来像是高高低低的山丘，有许多波谷和山峰，每个阶段的梯度都有明显的变化。所以对于简来说，她的收入高峰出现在她离职之前。这意味着她必须增加资产，为养老金提供资金并偿还抵押贷款，而且还要为这些收入较低的转型期提供缓冲。因此，她的收入、储蓄和财富将出现多个增长和衰退期。

简的财务规划如此复杂，不仅仅是因为她剧烈波动的资产模式。简要做很多决定，一些变数还会影响她的一生。她有三个差异很大的工作阶段，必须预测每个阶段的相对收入，并计算她每个转型时间的长短。她还有养老金达到收入的 50% 这个问题。当然，我们假设这是她最后一份工作 50% 的工资。假设可能相当于她最高薪水的 50% 这个假设合理吗？如图 2.7 所示，最终退休工资的百分比将对财务规划产生重大影响。在为这些情景设想进行财务计算时，我们试图使财务模拟尽可能简单。然而，我们过上了简所追求的多阶段人生时，即使是在最简单的情景设想中，我们可以做的选择也会很多。这使得财务规划在实施和监督上变得更加复杂，这也是为什么我们在第 7 章回到了如何资助长寿人生这个问题。

我们的这些情景设想设计并非指定性的，它们不是在描述你"应该"怎么做。我们也不求详尽无遗，多阶段人生还有多种排序方式。五阶段方案提供了更多的可选择阶段，更多对任何给定阶段进行排序的方法。每个阶段都存在风险，你的人生可能会被推向不同的发展道路。

更加仔细观察可能的生活，我们想消除在三阶段人生分析中的厄运。在长寿人生中，三阶段模式肯定是行不通的。但我们有很多取而代之的机会，并且草拟了一些可能的情景设想，我们想表明的是实现有形资产和无形资产的平衡是可能的。当然，这只是一些事例。我们每个人都必须思考自己喜欢的生活以及情景设想中的细枝末节。最后，我们每个人都要放飞自己的想象力，对未来事物的思考要更有创造性。我们接下来仔细探查一下我们为吉米和简所描绘的新阶段。

第 5 章注释

1. 当我们的假设进行到第五阶段人生时，需要的假设数量成倍地增加。我们假设，当简开始在 EatWell 工作时，她的收入是过去作为生产者收入的两倍，当她人生第三阶段开始从事猎头公司职业，她的收入是她在 EatWell 时最高收入的 1.5 倍，而她在投资组合阶段的收入是在猎头公司时最终收入的一半。她的养老金则是她在投资组合阶段收入的一半。

STAGES

第 6 章

阶段篇

人生新模块

NEW BUILDING BLOCKS

长寿的恩赐终究还是时间的恩赐。在漫长的人生中，我们有机会去创造一种有意义、有目标的生活。小提琴家斯蒂芬·纳克曼诺维奇（Stephen Nachmanovitch）论及创造力时说：

> 如果我们相信人生漫长，以此作为行动指南，那么我们就能建造宏伟的教堂；如果我们以财务年度为单位来设定计划，那么我们只能建起丑陋的商场。[1]

摆脱了三阶段人生的束缚之后，我们发现新的人生阶段已经出现，能创造出一种平衡有形资产和无形资产、资产贬值和资产储蓄的生活。在漫长的人生中，你有建造大教堂的潜力，而不是建造购物中心。

每当我们与伦敦商学院 MBA 学生讨论这些新的人生阶段时，都能体会到这种潜力。他们是一群来自世界各地的年轻人，刚刚本科毕业，将在商学院花一年多时间学习管理方面的基础知识。他们的洞察力打动了我们。其中许多人十分了解这些新的阶段，他们或是已经开始进行相关事项，或是对此有所计划。实际上，其中有些人希望父母也阅读这本书，这样一来，父母们就能明白自己在做什么，所做的事情又为什么有意义。学生们觉得，自己的父母认为自己的职业抱负堪称颠覆性十足，而事实上他们所计划的一切，都是为了颠覆"三阶段工作生活"这一主导模式。

当我们概述吉米和简可能的生活时，两人都经历了某些阶段。在我们看来，生命因为长寿而得到重组，所以这些人生阶段正越来越流行。在本章中，我们会更详细地阐述以下这些新阶段的目的和特点：探险者、独立生产者和投资组合。我们还研究了这种多阶段生活中出现的各种转变。

谈论新的生命阶段听起来可能很重要，但这在之前也发生过，而且经常是由于寿命延长。在人类历史的大多数时候，人生只有两个阶段：儿童阶段和成人阶段。随着时间推移，童年与成年之间的界限发生了转移。[2] 20世纪时出现了两个新阶段：青少年阶段[3]和退休阶段[4]。这两个截然不同的生活阶段起源于19世纪末。"二战"后，随着杰克和与之同辈的婴儿潮一代出现，这两个阶段便彻底定型。这两个阶段的出现有赖于无数社会实验的进行，它们也需要政府调控、企业政策和社会行为方面出现重大的转变。我们觉得,在这些新阶段跟传统的三个阶段合为一体之前,21世纪也会出现数量相同的社会实验和变化。

这就是我们参与巨大社会实验的原因。我们或是以个体身份创造新的生活方式,或是三五成群,在家庭、单位、社区或朋友之中创造新的生活方式,我们选择了很多条道路。这种多样性是百年人生的内在本质,而不仅仅是社会实验的特征。一旦人从三阶段转移到多阶段人生之后,就会出现很多可能的安排,不过并不是所有人都会选择每个阶段。之前我们勾画了吉米和简可能选择的一些场景。当然还有很多其他的选择,有些阶段会更吸引人,导致组合和安排的多样化。

在三阶段人生的框架内观察的话,人们会觉得实验是危险的。非传统的道路总会被公司质疑,并可能对你的职业生涯产生持久的影响。鉴于百年人生需要得到实验,所以要想终结因循守旧的话,企业的反应就不能那么苛刻。威廉·福克纳(William Faulkner)在《野棕榈》(*The Wild Palms*)中指出,那些逃离"默默无闻的因循守旧"的人可能会被践踏而死。三阶段人生的结束,因循守旧的结束以及结构和安排方面实验的兴起,必须产生更加宽容的态度。

这种实验和多样的生活安排是对简单分类进行详细划分的核心因素,这种分类法将人生阶段与年龄画上等号。当人生阶段最后一次出现时,出现的是青少年和退休两个阶段,它们跟年龄挂钩。只有年轻人才是青少年，只有老年人才能成为退休人员。而那些新兴阶段令人着迷的地方在于，它们包含许多与年龄无关的特征。

虽然这里的关注点是新兴的阶段，但我们并不认为这些新阶段取代了传统三个阶段的要素。传统阶段（教育、工作、退休）不会变得多余，也不会从个人的选择中消失。通过努力工作来积累财务资产，在接下来一段时间内仍会是至关重要的。事实上，鉴于其他没什么收益的阶段也将在漫长的人生中出现，所以我们甚至可以说，这个收益最大化阶段会变得更加紧张。大部分人目前处于不间断的"工作"这个第二阶段中，力争把重点放在休闲、健身、亲友等有价值的无形资产上。也许在多阶段的人生中，这些无形资产会变得不那么重要，重点将是更紧张的财务积累阶段。

这些新的阶段不是我们抽象设计出来的。相反，它们是对我们周围发生的事情，以及对新兴趋势的观察结果进行逻辑推演后所产生的。在概述这些新的阶段时，我们并不确定个人和社会对更长的寿命会有什么样的回应。然而，我们确实认为，这些新阶段可能会得到充分利用，因为它们回应了传统的"三阶段人生"概念中出现的一些重大缺陷，让人们更有可能使用好长寿这个天赐大礼。

青春再来

这些新阶段最令人兴奋的方面之一是它们跟年龄无关。在三阶段人生中,年龄是阶段的直接指标,这种年龄和阶段的混合使得人生成了一种简单的线性进程。正如斯芬克斯之谜告诉我们的那样,我们早上用四条腿走路,中午用两条,晚上用三条。随着人生阶段增加,安排活动的方式更为多样,年龄和阶段便不再被混为一谈。所以我们在本章中描述的探险者、独立生产者和投资组合阶段在很多年龄层上都是相关的,它们之间的联系随年龄不同而有所不同。

随着年龄与人生阶段脱钩,我们将看到过去与特定年龄相关的特征变得更为普遍。多阶段的生活尤其需要所有年龄段保留以前与年轻人相关的特征:年轻性和可塑性,喜爱玩闹和即兴发挥,以及另辟蹊径行动的能力。

◎ **年轻性和可塑性**

寿命延长的现象通常被称为"老化"(ageing),其通常的重点在于人们以"老年人"这一身份活在世上的年份增加了。我们认为,有强大的力量可以让我们维持更久的青春岁月,即罗伯特·波格·哈里森(Robert Pogue Harrison)所说的"青春再来"（juvenescence），保持青春或越活越年轻的状态。[5]

这种年轻一定程度上反映了青春期的延长。人类在社会和经济上依赖他人的时间很长，这点可说是独一无二。更长的青少年阶段有这样的进化优势：人们受教育的时间会增长，确保成年人凭借前人那里学来的知识来行动，而不是简单地依靠本能做事情。由于寿命延长，进一步加大对教育的投入便十分合理。青春期是一个灵活的时期，是个寻找人生选择，并且不急于做决定的时期。随着寿命延长，选项会更有价值，所以我们探索和创造选项的时间段也会延长。

你可以回顾一下你的祖父母一代十六七岁时的照片。在这些照片中，你会看到一些严肃的面孔，这些孩子们看起来充满生活经验，穿着跟父母差不多的衣服。请你再看一下20世纪50年代中期的照片，同样是十六七岁大的孩子，无论是神色还是着装，都更富有青春活力了。他们的风格标志着"青少年"的出现，这在当时还是一种新的社会现象。现在再看一下当前二三十岁人的照片。类似的现象也在发生，只不过发生的年龄不同。这些人拥有与20世纪50年代青少年相同的青春气质和无忧无虑的神采。

但是，返老还童不仅仅意味着青春期的延长。所有年龄段的人都有可能以更年轻的方式行事，这些新的阶段可以作为达到这一目的所需的工具。百年人生有多个阶段，数次转折，它需要灵活性和可塑性，所以将青春期的特征延续到成年阶段，将变得更为有用。在进化生物学中，青春期特征保留到成年期的现象被称为幼态持续（neoteny）。从进化角度来看，青少年往往比成年人更具适应性和灵活性。他们还没有形成保守的观点，也没有形成成人的固定习惯和套路，反而具有青春期的适应性和可塑性。僵化而固定的习惯在线性的三阶段人生之中可谓如鱼得水，在这种生活中，人们对变化的需求很低，也很少碰到变化。在多阶段的漫长人生中，僵化可能会适得其反，而重回青春则是更有价值的特质。事实上，那些20多岁的人不仅仅在照片上显得年轻。五六十岁的人看起来往往比你同龄祖父母辈更年轻——在身体上是这样，在他们的穿着和行为方面也越来越是这样。

百年人生还能产生更强的可塑性。随着年龄与人生阶段不断脱节，这将为各年龄之间的混合创造绝佳机会。从历史上看，年龄等于阶段，而某一年龄的人，往往会有那个年龄应该有的经历，应该遵循的日程。而且，随着三个阶段越来越清晰，年龄之间的分离也变得更加牢固。事实上，社会学家贡希尔德·霍格斯塔德（Gunhild Hagestad）和彼得·乌伦贝格（Peter Uhlenberg）认为，现代西方社会通过三阶段人生机制在制度上让年轻人、成年人和老年人之间被隔开了。这加强了年龄与人生阶段之间的联系，而反过来说，教育机构、工作环境和退休又加强了这种隔绝。这一切适用于不同年龄段人群的情况。[6]

霍格斯塔德和乌伦贝格谴责这种年龄隔离。他们认为这导致人们对老一代不那么尊重,否认了老人传统的"导师"角色,也缺乏对年轻人的社会包容度。因此,多阶段生活最令人兴奋的影响之一,是年龄与阶段之间的脱节,将改变这种制度化的年龄隔离。随着不同年龄层的人开始参与相同的活动,轻松地玩到一块儿,一些关于年龄的刻板印象就会消失。这为每个人创造了机会,把年轻人的灵活性和好奇心与上了年纪之人的智慧和洞察力相结合。

◎ 玩乐和即兴发挥

人类与机器人以及机器学习的区别在于,人类具有创新性和创造性,能够玩乐,也能即兴发挥。在高强度的全职工作下,人们往往没时间玩乐,不过企业领导可能会很喜欢这种情况。而很多人担心的则是工作任务的特意安排挤走了用于发挥创造力的时间。我们想知道,这些从工作制度化中得到解放的新阶段能否提供一片让人尽情玩耍和即兴发挥的乐土。

我们在吉米和简的生活中看到了其中的一部分。吉米的投资组合方案之所以与众不同,是因为他进行了一种过渡,过渡到了一件他着实能为之感到兴奋的事情上:创造出一种新的工作生活，其中包含很多他认为很有意义的元素。或者想想年轻时的简，她探索了阿根廷和智利，在布宜诺斯艾利斯的街头市场漫步；与山姆一起创立他们真正关心的事业；在45岁时进行短暂的过渡，以便与她的孩子和父母重新建立联系；或者在60岁时回到寄托着她青春的南美洲；或者在70岁时把年轻的自己和年老的自己聚集在一起，构建一种由有趣的想法和工作所构成的组合。

这些是我们进行玩乐，即兴发挥的瞬间。他们摆脱了无情的全职工作，让自己的灵魂自由飞翔。[7]他们发现玩乐与你所做的事情无关，而与你如何去做事情有关。他们的一些时间花在人类学家使用的这个叫"雀跃而行"（galumphing）的奇妙术语所描述的东西上。它指的是"活动看似无用的精心准备和点缀"。[8]斯蒂芬·纳克曼诺维奇如此描述道：

当我们跳跃前行，而非平稳地前进时；当我们选择风景如画的线路，而不是最快的线路时；当我们感兴趣的是过程而非目的时，我们就是在雀跃而行。这是挥霍、过度、夸张、不经济的东西。

在简的一生中，她偶尔也会雀跃而行，大胆地尝试各种各样的组合，并且沉浸于做事情所带来的欢乐之中。当她玩兴最浓的时候，不会提出"为什么做这件事"的问题，也不会想自己当下能得到什么。事实上，一旦你把利益加进来的话，你所做的事就不算玩耍了。在她的旅途和行动中，她发现了她真实的声音，给自己留出空间，聆听自己的直觉，然后将直觉付诸实践，以此进行即兴发挥。

◎ 不断尝试新事物

这些新的阶段创造了采取新行动的机会，这些行动给了人通过经验来学习的机会。从根本上讲，我们是通过做事情来学习的，而这些新阶段则给了我们很好的机会，让我们采取行动，然后思考行动时的感受。当简来到里约热内卢的街头时，产生了什么感觉？她是否感到焦虑、害怕、好奇？如果她能够保持住这一瞬间的认识，那么她就可以从事治疗师珍妮特·雷恩沃特（Janette Rainwater）所说的"自我观察的常规艺术"。[9]这是一个自我询问过程，询问的是某人自己怎样度过一生。它以积极的方式思考时间，让人们能够真正地活着，而非让生命中充斥着一堆不断溜走的有限数字。正如社会学家安东尼·吉登斯所说：

> 如果某人要对自己的生活负责，那他就会面对风险，

因为他会面对各条供他选择的人生道路。在必要时，人必须准备好或多或少地与过去彻底决裂，并对不以既定习惯为指导的新颖行动路线进行思考。[10]

这些新的人生阶段为这些新行动和随之而来的体验式学习提供了许多机会：质疑旧习惯和惯例、挑战刻板印象并尝试通过新模式来融合生活的不同部分。

成为一名探险者

当思考探险阶段时，我们会想到兴奋、好奇、冒险、调查和焦虑之类的东西。探险者不会安定下来，而会保持敏锐，并且尽可能减小财务负担，以便云游四方。这是一个属于发现的时期：人们云游四方，发现世上的一些事情，也在发现自己。

总是有探险家存在，他们一辈子都在探索和旅行，寻求新的经历，颠覆三阶段人生。在一些国家，间隔年（gap year，高中毕业生进入大学之前，获得一年假期，进行旅行之类的活动）理念已经成了一个既定的人生阶段，这也符合这种探险家的行为模式。但我们眼中的探险家是这些行为的激进版本。

这种探险不是预定好了的间隔年，而是一个范围更广的新阶段。探险者会调查他们周围的世界，发现其中的东西，了解它是如何运作的，也会了解他们自己喜欢什么，又擅长什么。探险阶段从脱离日常生活和日常经验开始：搬到新的城市，见一见其他人，或者到新的国家去，探索当地人的生活方式。如果不只是在进行简单的观察的话，探险就能获得最好效果，因为游客会只观察一个新的城市。探险是一个交往的过程。简与南美的街头食品小贩进行交往，竭力弄清他们怎样工作，这就是其中的一个例子。并不是所有的探险家都有相同的目的。

有些人会成为寻求者——为了明确回答一个问题而踏上旅途。他们的脑海中有一个目的地，他们正向它走去。相似的一个例子是英国探险家亨利·莫顿·斯坦利（Henry Morton Stanley，1841—1904）寻找尼罗河的源头。他和他的伙伴不知道该选哪条路，但他们知道目的地是什么。探险家们在出发时会提出一些问题：对于我来说真正重要的是什么，我关心什么，我是谁？他们的旅程旨在帮助他们回答这些问题。

对于其他探险者来说，并不存在一个可以指导他们的问题。除了每天因发现而生的喜悦之外，他们没有任何目标——他们正在雀跃而行。在这些冒险中，他们创造了将塑造自己未来人生的故事：他们看到了什么，他们遇到了谁，他们学到了什么。从某种意义上说，人类的真正本质正是这个：大展身手探索世界的奇妙自由。我们可以想象，在100年之内，很多人会想要开始自己的冒险。

在纯粹的实验时段中，探险最为有效，有尽可能多的变化。当简在南美探险时，她遭遇了别人的生活，并且受到了推动，努力思考自己的价值观和优先事项。同样，在进行这段探险期间，她有时间和意愿来拓宽她的社交网络，使它们更加多元化。当她的网络覆盖更为多样的一群人时，当她想到未来自己可能的样子时，就能够创造出更多样的生活。

探险者阶段的心理状况十分有趣。探险家们正在拓展他们存在的界限，不走寻常路，直面他人的行为方式。他们站在麻省理工学院教授奥托·沙尔默（Otto Scharmer）所称的"系统的边缘"上，这样一来，他们就可以展现出自己的假设和价值观。[11]

◎ 苦难的历练

最好的探险阶段总是包含苦难。当领导学学者沃伦·本尼斯（Warren Bennis）和R.托马斯（R. Thomas）采访领袖人物，询问他们的生活之后，两人发现，那些对自己有深刻认知，具有强烈道德感的领袖的共同之处在于，他们受过苦难的历练。[12]他们曾真切地体验到别人的生活，体验到别人的痛苦与愤怒，兴奋与欢乐。从某种意义上说，他们这是设身处地，站在别人的角度上思考问题。这些苦难有很多种形式，从单纯住在另一个城市,一直到生活于完全不同的环境(如难民营)。对这些磨炼的影响拥有深刻见解的菲利普·梅尔维斯认为,尽管经验本身至关重要,但人们也需要进行内省,以创造一个机会,改变人们看待这个世界的方式,然后分享这种属于个人的故事。[13]这意味着提出问题、仔细观察、专心倾听。随着提问达到这种深度,这些经历便成了人们面对自身的价值,更深入地思考自己的身份和角色的时刻。这可能是个人自己的故事面对着他人故事的时候。

长寿意味着变革和转型——这就是转型资产为何是如此重要的新资产类别的原因。在涉及磨炼的情况下,这些资产真正获得了显要地位。重要的地方在于,它们不是简单地读一本书或访问一个网站,而是真实的、面对面的、有血有肉的事件。在这样的时刻之中,人们能够窥见到人生的整体:将那些人带到此地的命运,他们所承受的压力,以及他们所面临的机遇。

◎ **探索不分年龄**

任何人都能在任何时间或任何年龄成为探险家,但是有三个阶段的生活尤其不错——18~30岁、45岁左右、70~80岁——对于很多人来说,这些阶段是完美的。这些时段往往标志着生活的自然转变。在这些时段下,这种探索时期可以发挥更为直接的作用：有时间评估人生状况，更深入地理解人生选择，更多地思考信念和价值。

在人生末期，成为一名探险家，可能是一种难以置信的重返青春的历程。对于 70 多岁的人来说，长寿所带来的危险是生活一成不变。所以把日常生活抛在一边，成为一名冒险家，可能会在返老还童中发挥重要作用。因为人们会在此期间质疑他们目前的生活方式，并弄清人生路上还有哪些选择可用。简在一生中所做的事情就是这个。

吉米在 45 岁左右时进行了探险。在这一时期进行探险，可能要更为专注才行。在这个阶段，人会越来越多地认识到，他目前的人生计划和他无形资产的枯竭将不足以支撑他以后的生活。所以在一种情景下，吉米会抽出时间去探索可能的新生活方式，并离开他目前所走的这条常有人踏足的道路。他在 40 多岁的时候正处于探险阶段的搜寻模式中，此时他意识到，自己面对着一种潜在的、非常长的三阶段人生。在这个时候，他意识到了自己不想要的东西是什么。但是，他想要的东西是什么呢？他在这方面的概念就不是那么清晰了。他需要时间进行实验，进行反思，并开始摆脱他现有角色的习惯。所以对于吉米来说，在这段时间内，教育和再培训这样的活动将重新走入他的人生之中，这或许也适用于其他一些决定抽时间去进行探索的同龄人。

人们最明显的探索时期是从结束正规教育开始,到30岁出头的那几年。他们一般是搜索者,会去更多地了解自己,更多地思考他们是谁,他们喜欢什么,他们擅长什么。而且,由于探索是个发现自我,而非发现外部的过程,他们便会在一个对自己进行测试,与自己面对面的环境中意识到自己究竟是谁。这个环境会激起他们的愤怒,不过有时候也会给他们带来喜悦。

◎ 选择、搜索和匹配

那些和杰克一样在第一阶段直接进入企业界的人,面临着这样一种独特的可能性:他们早期做出的,将自己引向专业化的决定是死路一条。这是因为工作环境发生了变化,或是因为他们对自己的技能和愿望存在误解。对于杰克来说,这并不重要。他并未面临很多的选择,因为他的人生历程不会有很多转折,他只工作了40年。那些有着长寿之福的人将获得更多选择、更大的多样性和更多决策,花时间做出正确抉择将非常重要:参与一个反映了你兴趣和热情的教育课程,展望未来;找到一份符合你的价值观,对你有意义,能反映你的技能和兴趣,但不会把你引向死路的工作;选择一个支持自己的价值观,并允许你培养自身技能和知识的公司;会见一个认为自己可以花很长时间与你共处的伙伴;事实上,你可能还会遇到一位商业伙伴，你可以跟他一起工作，他跟你的技能和工作方式相匹配，或许还能对这些东西做出补充。

做出正确的匹配成了漫长人生中的一个重要因素，部分原因是匹配带来的后果将持续更久。这也是因为吉登斯所谓的"后传统"社会正产生许多匹配，许多传统的匹配方式正逐步式微。

人们做出的一些选择将是很好的决定。其他一些则不是。而且在更长的时间内看的话，做出错误的决定和犯下错误的代价会增加。简花时间探索她的选择之所以平淡无奇，就是因为这个原因。寻找最佳匹配（无论是生活方式、职业还是婚姻均包含在内）的价值在更漫长的人生中会变得更高，当然，糟糕的匹配或错误的过早承诺的成本也会上升。古老的格言"急忙决定，慢慢后悔"成为百年人生强有力的座右铭。

我们认为对人生选择，对寻找合适的匹配，以及对创造出她自己的身份的关注，使得简和她这一代人变得如此卓尔不群。简所处的这一代有各种昵称，比如"千禧一代"或"Y世代"，人们对她们这一代人有很多评论。这些话语中大部分是刻板印象，也是对Y世代所想要或需要的东西的过度概括。[14] 对于我们来说，真正让这一代人受到区分的，不是他们出生时所处的特定社会环境，区分他们的地方在于，他们是第一代真正意识到百年人生来临，并正在为此进行计划的人。对于这一代人来说，选择、匹配和个人身份之类的问题跟杰克那一代人的不同，他们的反应跟具体属于哪一代无关，而是一种社会先驱般的反应，后来者将效仿他们的行为。

我们看到，探险阶段对理解选择和尝试创造最佳匹配而言至关重要。但是，不可否认的是，探索充满着危险，也有着失败的可能。约翰·富兰克林（John Franklin，1786—1847）和他的船员从来没有在西北航道（North West Passage）找到路。罗伯特·斯科特（Robert Scott，1868—1912）的探险队也没有到达南极（实际上，他成功到达了南极，但晚于挪威探险家阿蒙森，在回程路上不幸去世）。出于这个原因，我们不期望每个人都进入探险阶段。有些人可能对自己的认同感很强，对自己的优点和偏好有深刻的认识。对于他们来说，引导他们的热情，让他们追寻目标，可能是最好的选择。他们会把探索时期视为一种干扰。另外一些人可能会避免冒险，并且热衷于许下并实现一些财务目标，在他们接受完教育后立即追求传统的职业生涯。对于其他人来说，探索可能是一个改变人生的阶段。但如果它要能改变人生，那它就必须是一个属于活动和发现的阶段。探险者阶段不是坐在一起，什么都不做的时候，也不是学生间隔年的加长版。这是一个真正从思想和计划中获益的时期，如果没有这种动力，就会产生资产衰减和贬值的风险，而不是得到投资和更新。

成为独立生产者

一个新的经济活动阶段正在出现,其中涉及创造新颖的创业形式,或建立新形态的伙伴关系和公司。当一个人放弃了传统的职业道路来开始进行创业时,就会发生这种情况。就像探险阶段一样,这不局限于任何特定的年龄段。人们可以成为,也将在人生中的许多不同阶段成为独立的生产者。这些是创造工作,而非寻找工作的人。

◎ **昙花一现和原型**

当然,总会有企业家存在。我们之所以提到"独立生产者"而不是"企业家",原因就在于他们在规模和目标之间存在差别。独立生产者的主要目标不是创办一个持续发展的公司,这类公司的目标是成长,发展,然后被出售。这些是持续时间更短的结构;有些将是昙花一现般的公司,旨在"过把瘾就死"。在昙花一现的公司之中,重点是活动本身,而不是结果——创立公司,而不是出售公司。这些公司中有一种玩乐气息和实验性品质,这可以回溯到我们早先对青春所进行的讨论之中。所以,这不那么像是建立一个企业实体,积累财务资产,而是在工作生活的任何阶段花上一段时间,从事独立的、自给自足的生产性工作：制造产品、创造服务、建设理念。这些独立生产时期在吉米和简的生活中都扮演着重要的角色，虽然这个时期内人们可能会缺乏有形资产，但是它对于发展无形资产而言可谓宝贵。

对于许多独立生产者来说，这是一个快速实验的时期。因为他们学到了什么有效，什么不可行。奥托·沙尔默用"原型设计"（prototyping）这一术语来描述这种活动。[15] 他的观察结果表明，当它与高度的专注力和快速的原型设计周期相关联时，效果就最好，能够让人学到更多，学到更深层面的东西。通常，独立生产者阶段会从原型活动开始，它们是尚未完全成型的试点活动。对于那些已经在工作的人来说，这些原型设计活动通常会与他们的日常工作同时进行。从某种意义上说，跟一开始先完全弄清要做什么的行为方式相比，他们这样一来便能大大提早地进行某事。在这些原型周期中，直觉脱颖而出，独立生产者对于各种可能性有着更敏锐的感觉。这些快速的原型周期不断产生反馈，帮助人们培育出"如何让某一计划得以实现"方面的想法。

◎ 通过生产来学习

独立生产者阶段标志着培育专业知识、学习和进行生产。

虽然挣到足够的钱来维持这个生命阶段是重要的，也是确认其有效的标志，但它很少会成为财务资产大量积累的阶段。它是通过生产而进行的学习真正脱颖而出的时候。

重要的地方在于，这是一个可以允许失败的阶段。因为这是一个承诺相对较小的时期，所以失败的话也不用担心严重的后果。独立生产者阶段的创业本质也提供了大量有用的、通过实践而进行的学习：你能获得所需的资金吗？你能获得所需的资源吗？你是否有足够广阔的人际网络，能获得他们的帮助、支持和建议，使你掌控主动？所有这些从工作角度看，都是可供投资的巨大无形资产。这些东西时常是扎实而实用的一般技能，可移植到许多领域和未来的工作之上。所以，虽然这些资产可以建立在通过学习获得的学术知识上，但由于它们是经验性的，所以也会带来更深的洞察力。

当一个人在职业生涯开始时成为独立生产者的时候，我们可以把这种情况看成"双面"的。就跟罗马的雅努斯神一样，它看起来既落后又先进。之所以说落后，是因为这仍然是教育和实践的一种形式；之所以说它先进，是因为在更为传统的领域寻找工作之前，这可能是人们获得能力证明的一个关键时刻。在这种情况下，这大大强调了获得能力凭证和创造良好声誉的重要性。这肯定不仅仅是传统的那种线性式个人简介，上面写着就读学校或者获得证书的那种。相反，这是一个由多种形态所组成，用于积累声誉的时期。具体如下：已经取得的成就，已经经历的事情，已经建立起来的人际网络以及共同创造和与他人合作的证据。[16]

独立生产者也可以成为一种生活方式，也是人生后期保存财务资产的手段。比如说，在55岁以上的人群中，创业现象已经有了大幅度的增长，现在这个年龄组在2014年占到了企业家的26%，而1996年则为15%。[17]我们预计他们到了70岁和80岁之后也会从事这方面的工作。有些人会选择继续全职工作，另一些人会建立一种投资组合，但有些人会选择花时间和精力去创造一些有可能让人兴奋，引发人们兴趣的东西，这些东西也有可能成为别人的遗产。在自我管理下积极工作，是保持他们生活方式的好方法，同时也能支撑其活力和生产性资产。大多数独立生产者会希望这是有形资产受到最低消耗的时期；他们的收入在扣除支出之后，将足够他们继续生活下去。

◎ 创造力集群

18—30岁的人已经能成为独立生产者了。有趣的是，其中大部分人会聚集在一起，相互学习，他们经常聚集在智慧型城市的边缘。当青少年成为一个独立的年龄群体时，营销人员首先发现他们。他们对青少年的观点是这样的：这是一个具有独特消费模式的群体。对于这个年龄段的人来说,需要补充的关键在于,他们的互动是同时以生产和消费为基础的。而且当他们聚集在城镇之中时,便会开始界定一种生活方式,以及一种混合了生活和工作的独特方式。

虽然一位老派企业家可能会谨慎地保护他的知识产权,但在独立的生产者当中,在这一生产阶段下则更强调共享。在他们之中,模仿和复制是很好的赞扬形式,确实也可以提高他们的形象。他们证明了某些概念,但也模糊了观念、产品和公司的概念。其中的思想内涵是"大家都加入进来"——这是一种合作性的高价值网络的本质。如果某人能成为这种网络中的一个枢纽,获得广阔人脉,或者被视作新思想的创造者,那这个人的声誉便会大增,在接下来的阶段中也可能得到经济利益。

这种对人脉的关注既是一种投入,也是一种对成功的衡量标准,这就解释了为什么智慧型城市正在成长,并吸引到了许多独立的生产者。[18]尽管人们的焦点是加州的硅谷、伦敦的硅谷环岛(Silicon Roundabout)、印度的班加罗尔和中国的成都这种科技集群下的独立生产者,但很显然,独立生产者的覆盖范围可能会更为宽广,更多的集群将会形成。这些集群将变得越来越重要和普遍,因为独立生产者阶段本质上是实验性的;对于大多数人来说,在偏远之地进行数字化生活并不容易。城市中心对他们而言是重要的，因为独立生产者阶段是一个低收入阶段，重点是找到便宜的城中心地段。当然，这种地段将采取这些独特居民的生活方式。作为独立生产者，由于家庭、办公室和社会生活场合将位于同一个地方，所以工作和娱乐的分离将是模糊的。在这样一个不关注资产积累的阶段之中，人们会看到比汽车更多的自行车，比办公室更多的咖啡店。

这些独立的生产者群体吸引了那些正在寻找经验，从中学习并寻找一个试验场所的人。他们或许可以在婚姻和商业方面找到伙伴，将重点放在实验和投资无形资产上。他们认为在非正规经济中工作是合理的，而在正规经济中工作则不是这样。并且他们正在利用快速发展的技术来实现快速的原型设计和对理念的发展。他们的工作简单。它是短暂和偶发的，人们故意将它设计为短暂的工作。

◎ 声誉和策划

独立生产者的重点是做实事，并通过这个获得行动导向的美称，以及能够克服障碍的声誉。在此期间赢得的声誉可能成为下一阶段的关键无形资产。描述他们工作的网站，他们赢得的黑客马拉松，关于他们活动情况的推特流，以及他们创建的YouTube（一个视频网站）频道，都以向世界宣传他们的想法和能力为目的。随着企业向他们的这一生态系统寻求创意，作为宣扬他们声誉的公告，这些东西是最有可能引起人们关注的。

建立、策划和宣传自己形象的能力对独立生产者而言至关重要。他们从同伴和导师的经验那可以学到很多东西，而其他技能的学习方法则更为正式。在创造这种技能和知识组合的过程中，那些追求这条道路的人需要考虑如何向未来的员工或熟人展示他们学到和确立的东西。当然，与社交媒体的交往将使他们的经济活动留下一条明显的痕迹，但是如何创建一种叙述方式，来更为正式地介绍自己的能力凭证呢？人们肯定会在这方面做一些实验。在写这篇文章的时候，LinkedIn（领英）正成为一个供人们宣传自身技能的平台，在其他方面或许也会有创新。

我们也可以想象到，教育机构将制定评估用格式，提供不仅限于特定课程的技能证书。这样一来，独立生产者便可以开展他们的创业活动，也许能参加一些学习课程或参加慕课（MOOC，Massive Open Online Course 的缩写，即"大规模开放在线课堂"），然后参加考试，以获得在特定领域的能力证书。这将是至关重要的。体验式学习是伟大的，非常有效，但正因为它是经验层面上的，所以很难用文字记录。企业在财务上的成功并不一定是衡量独立生产者成功与否的唯一标准，因此让无形资产获得认证便势在必行。

这对于在更大的公司中建立声誉而言也很重要。我们期望企业能够更加愿意，也更擅长发现有天赋的独立生产者，并与他们建立个人关系。这种关系涵盖了从全职到兼职工作，一直到购买他们的知识产权或业务本身的宽广范围。

◎ 轻装上阵

探险家和独立制造商阶段的主要投资是无形资产——尤其是转型资产。所以在这段时间里，人们总会感觉囊中羞涩。这就是为什么共享经济上的发展如此有趣了。[19] 共享经济是让人们保持"轻资产"（asset-light）状态，或者得到收入，以促使资产积累的一个很好的方式。Airbnb（爱彼迎）、Simplest（至简）、Lyft（来福车，一款打车应用）甚至 Dogvacay（宠物短期寄养平台）等平台都是这种新兴经济的例子，人们可以在这些平台上分享他们购买或创造的资产。因此，人们不仅可以推迟做出重大的财务决策，还可能会减少这些财务决策的风险。房子或汽车是昂贵的，因为它们涉及购买股本（capital stock）和做出财务承诺。这需要人们证明自己拥有稳定的工资，从而进行按揭，或者直接进行购买。对于这个"选择"十分重要的生活阶段来说，这是非常不可取的。更糟糕的是，购买资本品（capital good）不仅昂贵，而且会造成能力问题。如果你买了一辆车的话，你不会一天 24 小时都在使用它，所以会浪费一部分钱，无法投入创业之中；如果你买了房子，然后在探险者阶段外出旅行的话，那买房子花的这笔钱也毫无作用。共享经济异军突起，它或是能让购买某物的人获得收入，帮助解决这些能力问题，或是能让个人获得资产的好处，而不必投身于跟其相关的工作之中，或者花钱购买这些资产。

制作一种投资组合

有时候人们会把重点放在某一项活动上：担当高价值的企业角色、建立起生意、进行探索，或者回到全职教育之中。还有一些时候，人们想要进行一系列活动。这是一种投资组合，各种不同类型的行动同时进行。像其他新阶段一样，这跟年龄无关；你可以在生产生活中的任何时候建立一种投资组合。对于一些人来说，这会是一种积极进行探索和实验的选择。对于其他人来说，这将是种被强加在他们头上的情况，因为他们很难确保得到一份有意义的工作。不过从理论上讲，创建投资组合在任何时代都是可能的，但我们认为这对于已经建立了完备基础的人来说尤其具有吸引力。事实上，当我们跟高级管理人员谈论百年人生，然后要求他们设想他们的未来生活时，许多人认为建立一个投资组合是其长期战略的核心。他们想象自己积极地平衡不同类型的工作，一些人专注于赚钱，另一些人则专注于建立社区关系，帮助他们的大家庭，或者专注于他们的业余爱好。

对于那些正在建立一个完善的技能和人脉平台的人来说，这种高价值的投资组合是不错的选择。在它的中心是有偿的工作，也许会是那种每周做上一两天，跟过去生活有联系的那种。比如说，对于 CEO 来说，这肯定会包括参与董事会活动在内；对于其他高级管理人员来说，则是在某个组织中扮演某种形式的高级角色，这能发掘出他们过去的经验和技能，并且跟过去产生一定联系。但在传统的职业生涯中奋斗过之后，他们的愿望是做更多别的事情：玩得开心，为社会做出一些回馈，花更多的时间和朋友在一起。所以这个投资组合在三个方面是平衡的：赚取足够的资金，从而匹配支出，增加储蓄；担任兼职角色，跟过去产生联系，维持自己的声誉，在技能和精神上得到刺激；开发出额外的新角色，从而拓宽学习面，提供一种目的感。因此，投资组合阶段不可避免地会有一系列动机；一部分跟资金积累有关，一部分和探索有关，一部分和活力与刺激有关，还有一部分则和学习和社会贡献有关。

◎ 挥别过去

投资组合下的生活可能会非常令人兴奋。由于我们活得更长久，于是就可能无聊度日，重复过去所做之事，所以我们更青睐多样性。投资组合是个真正具有吸引力的东西，但是我们有一些担忧存在：建立这个阶段有多容易？过渡到这个阶段又有多么困难？我们想知道，在跟我们谈过话的那些人当中，为自己人生设想了投资组合阶段的人里，有哪些能真正实现这一阶段？

由于我们活得更久，习惯便会更加根深蒂固，这就导致了紧张情绪。当有人成功转型到投资组合阶段时，其中原因在于他们能够改变行事方式，将自己的职业生涯视为对能力的发展，而不是对职位头衔的积累。从全职工作转到投资组合阶段，需要人们拥有灵活的思维能力，也需要灵活的工作模式，而传统的两阶段职业生涯往往不是一种好的准备。

那些成功转变到投资组合阶段的人之所以能成功，是因为他们做了早期的准备工作，并在进行全职工作的同时开始尝试小规模的项目。他们开始尝试可能具有价值的项目，效仿那些过着他们理想的投资组合生活的榜样，并开始调转天平，从原先着重于内部的企业人脉网，转向重视更为外部、更为多样的人际网络上。此时，他们的转型资产便十分重要了。随着这些网络的扩大，他们开始跟各行各业的人进行接触，并建立可在各个部门之间流动，并且容易得到理解的声誉和技能。这种在更广泛的领域所进行的技能和成就交流，是投资组合阶段的重要准备。没有它的话，从全职工作转型而来，结果可能令人大失所望。

◎ 消除低效率

投资组合阶段面临的挑战之一就是效率低下。投资组合的多样性带来了兴奋感和兴趣，但这种多样性的缺点在于，参与这个阶段的人没有获得不断提升的规模报酬。我们可以设想一个典型的投资组合周：也许会做几天有偿工作，也许有一天在社区工作，有一天练习业余爱好，有一天在慈善机构的董事会里工作。当你从一个活动转移到另一个活动时，转换成本是很高的。有一天你在与一个慈善机构合作，第二天在社区工作，第三天在董事会任职。当你从一个地方移动到另一个地方时，就需要不同的思维态度，也可能涉及实际场合的转换。我们将这些转换成本视为对这个投资组合阶段的主要挑战。

但是，我们也可以降低这些转换成本。最明显的方法是在投资组合的不同成分之间建立协同效应。这种协同作用之所以存在，是因为所有活动在所需能力和知识上都有一些共同点。例如，高水平的项目管理技能可能是联合一些看似不相干的活动的基础。这里的重点是确保技能和能力间彼此相关，而不是毫无关联。联结它们的可能是符合更大主题的利益，或是核心能力。降低转换成本的另一种方法是压缩时间，而不是将其分割。举个例子，这意味着每周工作三个完整的白天，而不是工作五个半天。如果某人过去的成功以聚精会神为基础，那他的投资组合活动也可能会带来压力。虽然这似乎是许多人所期望的一个阶段，但是这并不适用于每个人，如果投资组合的各种活动之间缺乏一致性的话，就更是如此了。

◎ "野胡"的出现

尽管所有年龄段的人都会体验到这些新阶段，但现在真正拥抱它们的是18—30岁的人。我们不应该为此感到惊讶。毕竟，简这一代最需要适应长寿，在适应时也拥有最大的灵活性。因此，他们将在实验和采用新阶段方面处于领先地位。他们将积极成为一个探险家，一个独立生产者，并创造一种组合——对这个年龄段而言，他们将通过利用零工经济这种形式来完成最后这个目的。这个年龄层比其他任何年龄层都更能意识到选择的价值，并且准备好努力去调查并创造它们。在金融理论中，期权是以固定价格购买某种资产的权利。期权存在的时间越长，其价值越高。而且，资产的不确定性越大，期权的价值就越大。由于这一代人将十分长寿，面临着更大的不确定性，所以对于这一代人而言，人生选择可能会有着极高的价值。他们的回应方式是晚些结婚，晚些成家，晚些买房子和车，大体而言是推迟许下承诺的时间。

当然，也有些负面特征在推动这种行为。在许多发达国家之中，这个年龄群体觉得自己被长辈们背叛了。他们发现自己背负着更高水平的学生债务，进入劳动力市场之后，在寻找第一份工作时面临着越来越激烈的竞争，生活在房价高不可及的城市之中。结果，许多人别无选择，只能走向轻资产道路，空想他们如何达到经济上的自给自足。

由于这个年龄组创造了选择，推迟了承诺，保持了灵活性，所以他们展现出了传统上与青春期相关的特征；换句话说，他们是我们前面描述的返老还童和幼态持续的一个很好的例子。从传统的三阶段人生角度来看，这种青春期般的行为似乎是错误的，往往受到"缺乏承诺"这样的负面描述。然而，从多阶段生活的角度来看，这种行为不是缺乏承诺，而是对无形资产的坚定投资——特别是投资于那些创造选择的资产。当那些追随传统职业道路的人不能认识到这一点时，就会加剧世代之间的不信任感，并导致人们对所谓的"千禧一代""Y世代"产生刻板印象。

当人生将延续更久时，把这些额外年份中的一部分分配出去，扩充成年后的发展阶段，似乎是明智之举。明确的后青春期/青少年阶段之所以会产生，其背后原因就是这个。青少年时代是通过经验和人生大事来建立价值观，进行实验的时间段。然而在经济学方面，这主要是一个消费时期。他们花父母的钱，或者从事有限的兼职工作，可算作独立的消费者，休闲活动和商品是定义这一新兴身份的方式。对于18—30岁的人来说，经济环境更多地转向生产，学习生产技巧，以及在教育之外学习知识。因而吸引到了探险家、独立生产者或投资组合阶段的人。

社会花费了一段时间来创造一个词语，从而描述20世纪人们在青少年阶段中逐渐定型的行为。最终创造的是"青少年"一词。我们认为社会需要寻找一个类似的词来涵盖18—30岁的人。我们将他们描述为"野胡"人（在这里向乔纳森·斯威夫特道歉。乔纳森·斯威夫特是《格列佛游记》一书的作者，"野胡"一词来源于此书，描述的是一群具有智慧的马），也就是持有人生选项的年轻成年人。

转变的本质

三阶段人生只有两次转变：从接受教育到就业，从就业到退休。多阶段生活有更多的转变。这就是我们设想以转型为基础的新无形资产会变得如此重要的原因，然而大多数人却没有足够的技能来为此做好准备。

我们不能把转变想象成独特的阶段。它们标志着阶段之间往往模糊不清的界限，构成了人生连续体的一部分，人们往往会在事后发现它，而非即刻发现。数学家有一种思考连续体的方法；他们认为，如果夏天跟在冬天后面，那么中间一定经过了春天。在转换方面也是一个道理。如果你从一个企业角色转变为一个投资组合者，或者从探险阶段转变为一个投资组合阶段，那么就必须进行转型。这个转变大多数时候会与一个阶段重叠。在其他时候，转型以单独的准备活动为标志，这往往跟投资于无形资产有关：通过重新"充电"来提升活力，或通过再创造活动来造就生产性资产。

各种转变的共同之处在于，它们倾向于逐步展开。正如埃米尼娅·伊瓦拉所发现的那样，它们以一种不同步的感觉为起点，也就是说，我们正在构建的可能自我看起来比现在的自我更有吸引力。这激发了行动，所以当想法受到测试，学习循环出现时，随之而来的就是一个探索时期。正是在这一点上讲，多样化的人际网络对于创造对机会的嗅觉而言才十分重要。所以我们开始通过进行实验和编外项目来学习更多东西，使我们能够更好地感受到什么事情是可能的，这通常会在人际关系转移的时候发生。最后，随着转型结束，许下更庄重的承诺，对未来设定更多的计划，人们便还会遇到一个"确认"时期。[20]

◎ 充电和重新创造转型

我们看到了两种不同的转型，这两种转型都涉及对无形资产的大量投资，我们在分析简的情况时同时采用了这两种转型。

其中一种转型基于简单的充电动机。在经过紧张的长时间工作，获得财务资产之后，人们的活力等无形资产将不可避免地被耗尽。健康状况可能会很差，家庭关系和友谊可能需要重新得到培育，精神状况也可能需要得到提振。在重新开始下一阶段的生活之前，花些时间来投资这些无形资产，是一种有吸引力的转型形式。"充电"转型阶段是有吸引力的，但其范围和长期影响是有限的。在充电这一转型阶段结束时，虽然人们的活力会得到提升，但由于太久不用，技能组合、知识和人脉等生产性资产可能会减少。因此，在充电这个转型阶段之后，人们将不可避免地回到自己之前所处的部门和角色之中。

另一种选择是基于再创造的转型。与投资于被耗尽的无形资产相比，它的重点是积极投资于生产性的无形资产之上——新的技能和知识，新的人脉或新的观点。这可能就像上大学和参加课程一样简单。它可能涉及一些兼职工作，或者可能涉及更全面的转变，比如乔迁异地，或者在生活方式上做出重大变更。这些再创造转型在转移人脉和技能，以进入一个新的阶段方面发挥了重要作用。

◎ 为转型提供资金

转型可能是重新投资宝贵的无形资产的关键时期,这既包括生产性资产,也包括人们的活力。但有形财务资产终归会被耗尽,这是不可避免的。这样一来,我们就必须把这种情况考虑进来,做出计划。在为简设计的场景中,我们通过两种机制来处理这种枯竭状况。第一,就储蓄目的而言,简为退休生活进行储蓄,还积累了财务资产,以便为这些转型期提供资金。第二,设想她的合作伙伴若热也在工作和储蓄。所以在他们的伙伴关系中,他们能够协调转型时机。当其中一个成员为积累财务资产而奋斗时,另一个成员可以专注于建立他们的无形资产。

随着社会实验得到蓬勃发展,我们可以认为这些新的阶段都将继续流行。这些阶段包括探险、独立生产者,投资组合阶段和转型阶段,无论是充电还是再创造,都包含于其中,他们不再被看作独特的一代人。就像过去青少年阶段和退休阶段所经历的一样,他们将走入我们的寻常生活之中。人们会觉得这些阶段是人生各个时期中都可利用的普通阶段。事实上,随着人们开展更多的实验,发现更多的途径,它们可能会跟其他阶段融合起来。

◎ 第6章注释

1. Nachmanovitch, S., *Free Play: Improvisation in Life and Art* (Penguin, 1990), 150.
2. 关于儿童的历史数据，参见 Aries, P. *Centuries of Childhood* (Pimlico Press, 1960); Cunningham, H. *Children and Childhood in Western Society Since 1500* (Pearson Longman, 1995); Heywood, C., *A History of Childhood* (Polity Press, 2001).中文版参考（法）菲力浦·阿利埃斯《儿童的世纪》，北京大学出版社2013年版。
3. 关于"青少年"这一概念如何演变，参见 Palladino, G., *Teenagers: An American History* (Basic Books, 1996); Savage, J., *Teenage: The Creation of Youth 1875–1945* (Pimlico Press, 2007).
4. 令人惊奇的是，关于退休的出现这个主题，文学作品、经济学和社会学领域都较少涉及，可能是因为人们对这个第三阶段的人生不怎么关注。关于养老制度发展的历史分析，参见 Graebner, W., *A History of Retirement: The Meaning and Function of an American Institution 1885–1978* (Yale University Press, 1980); Costa, D., *The Evolution of Retirement: An Economic History 1880–1990* (University of Chicago Press, 2000).
5. Harrison, R. P., *Juvenescence: A Cultural History of Our Age* (University of Chicago Press, 2014).
6. Hagestad, G. and Uhlenberg, P., "The Social Separation of Old and Young: A Root of Ageism", *Journal of Social Issues* 61 (2) (2005): 343–60.
7. Nachmanovitch, S., *Free Play: Improvisation in Life and Art* (Penguin, 1990).
8. Miller, S., "Ends, Means and Galumphing", in *American Anthropologist* (1973). The term "galumphing" is taken from Lewis Carroll's poem "Jabberwocky" in *Through the Looking-Glass* (1871).
9. Rainwater, J., *Self-Therapy* (Crucible, 1989), 9.
10. Giddens, *Modernity and Self-Identity* (Stanford University Press, 1991).
11. Scharmer, O., *Theory U: Leading from the Future as it Emerges* (Berrett-Koehler, 2009).
12. Bennis, W. and Thomas, R., "Crucibles of Leadership", *Harvard Business Review* 80 (9) (2002): 39–46.
13. Mirvis, P., "Executive Development Through Consciousness-raising Experiences", *Academy of Management Learning & Education* 7 (2) (2008): 173–88.
14. Deal, J. and Levenson, A., *What Millennials Want from Work: How to Maximize Engagement in Today's Workforce* (Center for Creative Leadership; McGraw-Hill, 2016).
15. Scharmer, *Theory U*.
16. 科利·多克托罗的小说《制作者》(*The Makers*) 是对这种生活方式和资格认定过程的绝佳描述，尽管小说的焦点在于这种趋势如何颠覆现有的组织形式。
17. 参见 http://www.kauffman.org/~/media/kauffman_org/research%20reports%20and%20covers/2015/05/kauffman_index_startup_activity_national_trends_2015.pdf
18. 欲知详情，请参见 Moretti, "*The New Economic Geography of Jobs*" 或 Glaeser, E., "*Triumph of the City*" (Macmillan, 2011)，书中讲到了城市在资源连通、规模和竞争方面的创新和创造力上的普遍优势。
19. 参见 http://www.economist.com/news/leaders/21573104-internet-everything-hire-rise-sharing-economy
20. Ibarra, H., *Working Identity: Unconventional Strategies for Reinventing Your Career* (Harvard Business School Press, 2003).

MONEY

第 7 章

金钱篇
长寿推手

FINANCING A LONG LIFE

许多人认为，寿命太长，理财会很困难。这种看法并不奇怪。长寿人生下的财务计划在很多方面可能是不愉快而不积极的。这十分复杂，需要人们拥有自我认识，涉及难题的解决，需要对未来的需求和愿望有一定的洞察力。如果不知道自己想要什么，并且没有关于人生计划的想法的话，人们就很难计算出长期的财务状况。除此之外，财务计划的术语艰涩难懂，包括几何级数和复利之类的概念。

还存在奖励方面的问题。基本上，为未来做准备就意味着将资金从今天转移到未来，而大多数人则认为，在现在和未来的自我之间要建立密切的联系是一件很困难的事。

所以，财务规划引起很大的焦虑，这并不奇怪。但这些问题必须得到正面解决。那些不考虑未来的生活，不能够做复杂的计算，不懂得专业术语，或者没有充分考虑到自己今后的情况的人，都冒着年老之后资源不足的风险。或者说，他们在中年时期可能会发现，自己的积蓄不足以让他们短暂离职，重新受到培训。最近进行的一项对退休人员的调查发现,70%的人希望自己当时能存下更多的钱,这种结果并不奇怪。[1]

若要充分利用百年人生,就需要摆脱三阶段人生,调整管理无形资产的方式,从而重构人生。然而重要的是,这些改变本身并没有能够解决我们在第2章中提到的财务问题——漫长的人生只会要求每个人都能够工作更久,存下更多的钱。

因此,我们再次回到财务主题之上,从经济学和心理学文献中吸取知识,关注资助漫长人生时的理性和行为方面。我们重新审视了在转型资产方面所讨论的两个重要概念:功效("我相信我有能力进行这种行为")和能动性("我是自控的,并且愿意达到目标")。

适当的财务规划取决于这两者。功效是创造财务计划时的现实态度,而自我认识则在心智方面起作用,比如说对储蓄的大体偏好。功效要求人们回答以下问题:"我需要多少钱才能生活下去?""我希望工作多久?""我对我的财务状况有什么了解?"以及"我有多少财务知识?"财务规划还依赖于采取由能动性所决定的行动——以这种认识为基础来行动,并保持自控,使得目前的需求与未来的需求之间产生平衡。问题在于:"70岁或80岁时的我,会赞成我今天所做的决定吗?"

使数字累积起来

在对吉米财务状况的分析中，我们计算出，如果他想在65岁退休时获得50%的养老金，他在工作时就必须于每年节省出17%的工资。我们还计算出，要达到同一目的，简需要省下25%的工资。这些数字即使可能得到实现，也十分具有挑战性。在吉米的四阶段人生情景中，假设他能工作到77岁，那他的储蓄率会降到8%。在简的五阶段人生情景中，如果她能工作到85岁，那么她的储蓄率会降到11%。对于许多人来说，每年达成这一储蓄率，仍是具有挑战性的，我们甚至没有考虑吉米和珍如何还清学生贷款或抵押贷款，或者为医疗或老年护理费用提供资金。

鉴于存在这么一个困难而令人痛苦的问题，许多人会去选择看似简单的解决方案，就并不奇怪了。我们通常有三种常见的方式来否认这些计算的算术逻辑：我们猜测自己有可能凭借低于50%的养老金生存下来；我们假设我们的房产价值可以用来资助退休生活；而且我们也相信，如果我们在投资行为上更加积极进取，那么我们将获得更高的回报率。这些推理都不可能解决资助长寿生活这一挑战。

◎ 我需要多少钱？

我们是否有可能以低于 50% 的养老金生存，并且还能获得一种美好的退休生活？在图 2.4 和图 2.7 中，我们展示了不同养老金替代率对应的储蓄率。你能靠比你最终工资少的钱来度日吗？如果可以的话，这笔钱会比你的最终工资少多少？这个问题是复杂的——你不知道你会活多久，也不知道退休后会花多少钱。

你可以考虑一下你现在花了多少钱，花到了哪里。退休之后，业余时间会增加，工作要求会减少，你将需要多少钱？这乍看起来很简单——你可以想一下现在的你在节假日时会做什么。但这是种糟糕的指导方案。假期是生活方式的暂时停止或改变，而非永久停止或改变。你真的能想象到退休之后想做什么，想享受什么吗？

也许当你考虑这个问题的时候，你已经猜想过低于 100% 的替换率是合理的了。在退休时，与工作相关的支出（例如通勤、服装）较少，有更多的时间进行以前交由他人进行的活动（例如做饭、自制手工）。而且购物效率会提升，也更有空在网上搜索优惠券和福利。事实上，将近 70 岁的人已经在这样做了——他们更多地利用了零售商和制造商的折扣券，因此与将近 50 岁的人相比，购买商品的支出减小了 4%。[2] 这听起来不是很多，但是在有 50% 替代率的情况下，这会产生很大的不同。

当你退休时，你的休闲活动也可能会发生重大转变。随着时间推移，闲暇时光会变得"便宜"，人们通过投资于"金钱无法购买"的事物之上，转而从事其他活动，更好地利用到这些时间。这些活动是这样的：与朋友和家人在一起聚上更久，进行更为漫长、更加轻松的旅途……包括观看日落在内。也许你的这种形象，跟那些往《纽约时报》寄去自己原创文章的快乐退休者一样，他们会这样说："退休的时候，我所需要的资金其实没这么多，也不至于剥夺掉对我而言十分重要的东西。如果我之前就知道这么简单的快乐需要多少'财富'的话，那么我早就退休了。"[3]

你退休的时候，你的孩子已经长大了，会离开家庭。

实际上，当两个 16 岁以上的孩子离开家庭时，计算结果显示，这个家庭若要维持过去的生活水平，所需开支将是之前的 60% 左右。

然而，虽然这些论点听起来令人信服，但它们仍需得到进一步考验。首先，存在保健支出较高的问题。毫无疑问，对于许多人来说，如果变得更长寿，他们的生病概率也会下降。然而，正如经济学家乔纳森·斯金纳（Jonathan Skinner）所说："到头来，退休储蓄可能不太会被用到希尔顿海德岛（Hilton Head，位于美国的一处度假胜地）的高尔夫公寓上，而更多地会被用于负担轮椅升降机、私人护士和高质量养老院的支出。"[4] 也可能出现即使退休，仍然对他人负责的情况：为子女或孙辈支付学费，为他们的婚礼付款，或者在他们买车买房时帮上一把。

在我们自己的计算中，我们最终选择了50%的替代率作为基准。我们认为这个数字是相当保守、广泛而适当的，对于相对富裕的人来说更是如此。在一项研究之中，研究者（在美国和荷兰）直接询问人们："在退休之后，你所期望的每月最低开支水平是多少？"尽管在接受调查的人中，最穷的人希望替代率高于100%，但在最富裕的受调查人之中，平均的期望替代率为54%，在荷兰则为63%。[5] 英国养老金委员会在2004年时，也用50%的替代率作为高收入者（收入超过4万英镑）的基准。

虽然我们相信这个替代率是合理的，但要记住这是一个保守的假设。最近一项对1.6万名退休人员的实际替代率进行的研究发现，其中1/3左右的受调查者替代率大于100%，有1/4的人替代率为75%~100%，还有1/4则为50%~75%。换句话说，只有21%的人替代率在50%以下。[6] 换句话说，如果你发现吉米和简所需的储蓄率令人难以接受的话，那你若是不需要那么多的养老金，也就不太可能遇到这种"缓刑"了。事实上，如果你像大多数退休人员一样的话，那你实际上会想要存更多钱，以维持退休生活。

人们不仅要考虑未来的养老金和未来的消费，也要考虑到目前的消费习惯。一个人越是在生命中的某个阶段中拥有较高的消费水平，就越难适应退休时的较低消费水平。大量证据表明人们的满意度不仅取决于当前的消费水平，还取决于过去的消费水平。所以现在限制消费不仅有助于增加储蓄，还可以调节消费习惯，反过来让低收入的人在退休时更容易感到满意。

关于我们的 50% 假设替代率，还存在这么一个警告：我们在计算中假定你拥有自己的房子。如果你没有的话，那么就需要支付租金。在这种情况下，你需要考虑大约 70%~80% 的替代率。

◎ 拿房子作为赌注

有形资产包括养老金、储蓄和住房。那么，住房在这些计算过程中应该扮演什么角色呢？住房的重要性在世界各地都不同，但在大多数国家，住房方面的财富是大多数人投资组合的重要组成部分。例如，在英国，住房占最富有的前 50% 人口财富总额的 25%~30% 左右。这就是为什么这么多人认为他们可以用房子来给他们提供退休资金。

然而与银行中的资金或股票投资相比，房子是一种非同寻常的有形资产。这是因为，除了成为一种价值储存手段之外，房子也给人提供了一系列消费福利。其中一个好处是"估算租金",相当于为了住在这座房子里所需支付的租金。

出售股票或取出银行存款有助于维持人们的生活方式,但不降低生活水平。相比之下,出售和出租房屋会立即释放出资金,这在住房服务方面会使得生活水平下降。除这一点之外,房主对房屋存在情感上的依恋,这一事实有助于解释为什么大多数人实际上并没有将房屋看作养老金的一种资金来源。事实上,一项研究发现,70岁和70岁以下的人中,有70%的人感觉到,为了维持退休生活而出售房屋的可能性微乎其微。[7]另一项研究发现,当人们退休时,他们同样也有可能搬入更大的房子之中。[8]通常只有伴侣死亡或身患疾病这样的创伤性事件才会促使老年人卖掉他们的房子。

鉴于房主能"得到"估算租金,出售房屋则会让生活水平下降的关系,在老年房主之中,房产价值释放机制计划(类似于"以房养老",借款人可将住房反向抵押所得款项投资养老基金来获得收益)越来越受欢迎就不足为奇了。房产价值释放机制有助于提供资金,而不会损失估算租金。这显然为老年生活提供了一定资金,但是这些方案虽然能做出贡献,却不能被拿来解决问题。为了使用房产价值释放机制,一个人首先需要拥有房产。我们之前所做的储蓄计算只关注资助养老金或转型,没有考虑为了抵押贷款而储蓄的情况。房产价值释放可以为养老金添砖加瓦，但是如果你还需要购房的话，我们计算出的终生储蓄要求就还需要提升。

如果不需要这笔支出的话，那么房子就算是一种遗产。[9]房产价值释放机制为人们提供了一种选择，可以通过利用房产，为你的生活方式做出贡献，但是依靠住房来解决为百年人生提供资金的这一挑战，则是不明智之举。

◎ 像巴菲特那样投资

我们对吉米和简的财务假设是这样的：他们的投资回报率会在很长一段时间内比通货膨胀率高3%。我们解释了设定这一数字的理由。但很显然，回报率较高就意味着储蓄更少。

如果要了解这种假设对于投资回报有多重要的话，就请考虑一下"70法则"。这个法则的意思是，如果用70%除以投资回报率，那么所得数字就是你的财富翻倍所需的年数。换句话说，如果回报率是1%，那么你需要70年，但如果是2%，则只需要35年。随着时间推移，回报率的微小差异累积了起来，造就了储蓄需求方面的巨大差异。

然而，即使从长期来看，一些投资者的平均回报率也超过了3%。[10]其中最有名的就是奥马哈先知沃伦·巴菲特（Warren Buffett，巴菲特出生于美国奥马哈，因而得到了这一称号）。如果你在1965年向他的伯克希尔·哈撒韦基金投资了1万美元的话，那么到2005年，它的价值将达到3000万美元，比股票市场的表现强60倍。当然，在这种投资表现下，人们将更容易对养老金做出安排。

在图7.1中，我们展示了吉米的储蓄率是如何随着投资平均回报率的变化而变化的。当投资回报率为2%时，他需要节省23%的收入，以便获得相当于其工资50%的养老金；当投资回报率为10%时，那他只需要节省约1%的收入。

然而，在给股票经纪人打电话，并将你的投资转化为积极的高回报投资组合之前，最好回忆一下金融最基本的原则：项目回报率越高，风险也就越大。沃伦·巴菲特是一位了不起的投资者，他的成功不胜枚举，使他成为金融传奇。然而总的来说，高回报率是对风险的一种补偿，所以你可能会损失一部分钱，而不是赚到10%。许多投资者在2007年股市暴跌之后发现，股市既可以涨，也可以跌。例如，如果你在2007年10月退休的话，当时的标准普尔指数为1550，而当你在2009年3月退休时，你的退休生活就可能会窘迫很多了，此时的标普指数为680。实现储蓄的最佳回报是财务规划的一个重要方面，但依赖远远超过"比通货膨胀率高3%"这一水平的投资回报率，可能不是最明智的举措。

我们的建议如下：作为一个投资者，你可能会红运临门，

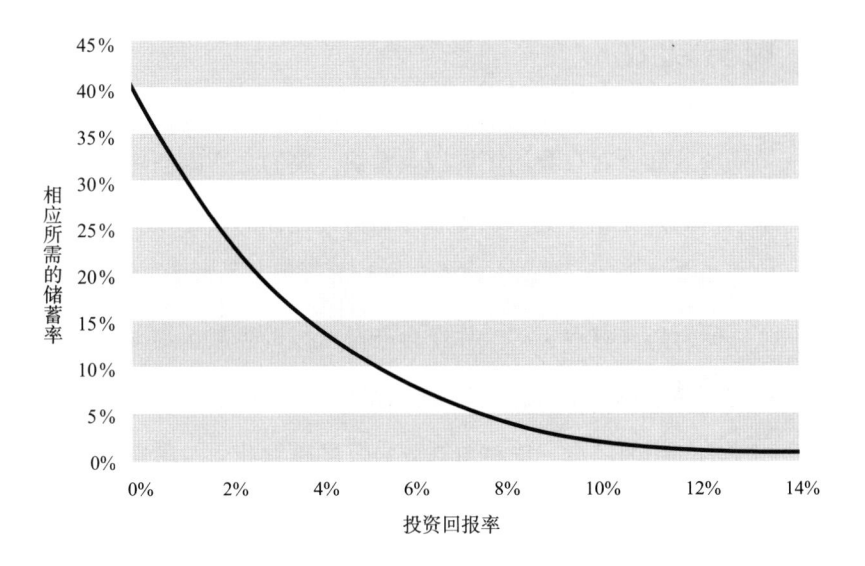

图 7.1　不同的投资回报率所需的储蓄率

找到沃伦·巴菲特这样的大师来帮你理财——但这不是一个你应该依赖的策略。你可以考虑在退休时卖掉房子，但这可能会降低你的生活水平，并且无法让你为解决健康问题或寻找护理机构而预留资金。你也可以说自己靠低替代率也能度日，但是，正如我们所表明的那样，我们的计算是相当保守的，如果替代率数字再低下去，你就算是退休人员当中的少数派了。如果要通过节省更多的钱来解决百年人生中的财务挑战，那么我们就需要回到功效和能动性这两个因素上。

财务功效

功效涉及对自我的了解以及常识。我们之所以创建各种场景，目的是促使你更深入地思考如何构建你的长寿人生。为从财务角度达成这一目标，提高你的财务素养至关重要。

你对财务有多了解？你在自己做出投资决策，阅读金融公司的销售资料时是否感到自如？也许你应该像学习任何跟工作相关的知识时一样，尝试着建立自己的理财能力。事实上，一项对财务知识丰富的投资者所做的研究显示，他们每年能赚取1.3%的额外利润，这一数字考虑到了风险的存在。[11]这造成了巨大差别：每投资10万美元的话，有理财知识的投资者将在10年之后多获得1.6万美元；20年后多获得4.2万美元；30年时则是8.4万美元；40年后则能多获得14.5万美元。

通过思考以下"五大问题"（本章末尾附有答案），你便能对自己的金融知识进行一番测试：

问题1：假设你的储蓄账户里有100美元，利率是每年2%。如果你把这笔钱存起来，那么在5年后，你的账户上应该有多少钱？

问题2：想象一下，你储蓄账户的利息是每年1%，通货膨胀率是每年2%。一年后你用账户里的钱买到的东西是会比今天多，跟今天完全一样，还是比今天少呢？

问题3：你认为下面的说法是对的还是错的："购买单一公司股票通常比购买股票共同基金更安全。"

问题4：你认为下面的说法是对的还是错的："15年期的抵押贷款通常需要比30年期的抵押贷款更高的月还款额，但贷款的总利息将减少。

问题5：如果利率上升，债券价格会怎样？

如果你全部答对了，那么你就是"人中龙凤"——接受调查的美国人中只有大约15%能回答对这五个问题。那前三个问题呢？答对前三个问题的人要多一些。在德国，大约有一半的人回答对了这三个问题。在日本则是25%。[12] 结果显示，相比后两个问题而言，人们更容易答对前三个问题。

那么，怎样才能提高金融知识水平呢？可以阅读金融书籍，参加在线课程和研讨会。有证据强有力地表明，参加金融研讨会能使人们做出相应行动，投资表现和财务规划能力也会提升。[13] 究竟是金融研讨会上提供的信息促使人们做出行动，还是因为参加这些会议的人本身就希望进行理财呢？人们仍在争论这一问题。但是金融知识太重要了，必须学习。证据也表明，经验是提升金融知识水平的最好方法（因此金融知识水平会随着年龄的增长而上升）。这为提早开始进行储蓄和投资提供了另一个理由。

◎ 管理投资组合

随着人们在财务上变得更有知识，他们也意识到通过投资赚钱并不容易。当我们和伦敦商学院的金融教授以及世界各地的其他专家交谈时，他们的投资建议基本跟特定的股票或交易行为无关。相反，他们倾向于关注一般性原则。有越来越多关于家庭理财的书籍得以出版，哈佛大学教授约翰·坎贝尔（John Campbell）在为美国金融协会做的主席报告中指出了家庭往往会犯的一些常见错误。[14]

首先，他们往往在股票市场上投资不足——甚至有 20% 的富裕家庭压根儿没接触过股票市场。此外，即使是那些投资于股票的人也往往不够多元化。换句话说，他们只投资一些特定的公司。其次，当他们投资股票时，会倾向于产生"本地化"偏见，投资于他们熟悉的，或者位于他们附近的公司的股票。第三，各家庭往往会集中购买他们雇主的公司股份。雷曼兄弟（Lehman Brothers）倒闭之后，购买该公司股份的雇员们，便冒着失去工作和财富的双重风险了。第四，在出售资产方面，家庭倾向于出售价格上涨的资产，并坚定持有下跌的资产。最后则是惯性问题。家庭往往存在"维持现状偏见"，不会重新审视他们的投资组合。例如，美国的教师保险和年金保障计划拥有 85 万名会员，会员每年都可以免费地在各种不同的投资组合中重新分配资金。事实上，在一个为期 12 年的时间段内，尽管资产回报出现了重大波动，仍有 72% 的人从未改变配置，只有 8% 的人不止一次改变了投资组合。[15]

人们克服这种偏见时，使用到了三种手段。他们分散了风险，通过进行投资组合来达成这一目的，同时也会在养老金方面分散风险。他们意识到，随着年龄增长，留给他们弥补财务逆转的时间也会减少，所以他们在接近退休时便会降低投资组合的风险。而且，在制订财务计划时，他们会寻求在退休后获得安全收入，而不是最大化其财富的市场价值。[16]

值得注意的是，由于三阶段人生仍处于主导地位，目前的长期财务规划总是侧重于提供养老金。多阶段生活的理财既要考虑到退休后收入的下降，又要兼顾各阶段收入的波动，也要考虑到转型期收入的大幅下降。我们很清楚，延长投资及收入波动的时间范围，将导致金融部门的运作方式及其所提供的产品发生重大变化。以抵押贷款产品为例：如果人们的工作年限延长，就意味着抵押还款可以得到分摊，但长寿人生中的收入波动则需要产品提供一定程度的缴费灵活性。如果出现问题，那寿命延长之后，人们也会拥有更多的时间来承担风险并从中恢复。这意味着投资组合的多元化和风险承受能力会随着寿命的延长而变化，这必然会导致投资行业发生重大的结构性变化。

◎ 关注成本

就像任何一个消费者比生产者知晓得多的行业一样，消费者很容易做出让他们事后想起时感到遗憾的财务决策。储蓄产品尤其如此。在这种产品之中，金融中介机构会收取一定的费用。因此，关注收费水平至关重要。

举例来说，假设我们投资1万美元，在40年后截止，预计每年的回报率为7%。在没有收费和税收的情况下，40年内我们将获得149744美元。现在想象一下收取5%的初始费用（500美元），然后每年再收取2%的费用。在这种情况下，最后的数字是63877美元——比你本来得到的少了85000美元。你对此感到震惊，可能会寻求另一个基金的帮忙，然后被一个初始费用为1%，年费为2%的基金所吸引。然而，即使在这种情况下，你也只能在40年之后拿回66567美元。最初的收费确实很重要——但是年度收费则堪称关键。如果你找到一个初始费用为1%，年费为0.5%的基金，那么你可以得到121369美元；找到一个提供1%和0.1%费用的基金，那你将获得142434美元。你在投资时应该仔细看一看那些难懂的条款，因为收费会给投资带来巨大影响。

金融机构

拥有理财能力是个起点，但是该选择什么金融机构呢？对大多数退休人员进行的调查显示，大多数人希望他们能够存更多的钱。那么，他们为什么不呢？

我们不禁想起圣奥古斯丁（St Augustine，354—430）年轻时的一句名言："上帝啊，请让我贞洁，但不是现在。"我们大多数人希望自己善良而充满美德，但由于某种原因，我们总会把这个目标往后推。我们知道我们应该减肥，应该多锻炼，我们打算这样做，但却没做成。每个人都在与失败的自我控制做斗争。重要的是：由于预期寿命的增长，自控问题的成本也在增加。对于每个人来说，未来将持续更长的时间，因此平衡当前行动与未来需求便至关重要。自控以及认识现在与未来的自我之间联系的重要性不局限于理财方面，这是贯穿建设富有成效而充实的百年人生的一条线索。

这些自控的失败是当前社会科学研究的一块富矿，能结合到神经科学、心理学和经济学的理论。一种简单的解释方法，是把自控失败想象为大脑不同部分之间的争斗。前额叶是一种相对现代（15万年前）的进化成果，将人类与其他物种区分开来。前额叶在认知性理性思维和长期规划中起至关重要的作用。然而，最近发展起来的这块大脑的理性一面也受到了其他部分的影响,包括较老的、更为成熟的边缘系统。捕捉情绪和本能反应的就是边缘系统。简而言之,这是会发生的事情:前额叶会告诉你,你应按照长期利益行事,而边缘系统会促使你做出更直接的决定,更早地满足自己。有人用大象和骑手的比喻来概括这场争斗。想象一个小骑手坐在一头巨大的大象背上,试图控制它的行动时会是什么样子。有时候双方都想走向同一个方向,但如果大象选择了不同的路线,那么它肯定会达成自己的目标。[17]

在人类过去的历史上,边缘系统主宰了人,并且屈从于即刻得到的满足感,这在过去是很合理的。当时人们的生活条件恶劣,寿命短暂,所以取得短期的快乐是有道理的。然而,随着预期寿命增加,理性的大脑前额部分如果有更强的力量来做出更好的长期决策,是不是会更为明智呢?

心理学家从大脑的角度看待这种即刻满足问题,而经济学家则从跨期选择和"现实偏好"角度来看待这些问题。[18]现实偏好的一种流行形式是双曲线贴现,与心理学家理查德·赫伦斯坦(Richard Herrnstein)和经济学家戴维·莱布森(David Laibson)有关。[19]

双曲线贴现表明,人们一般在短期内会急躁行事,但在长期规划中表现出了更大的耐心。以下是一些经典的双曲线贴现例子。你更喜欢哪一种方案:今天获得100美元或下周获得

105美元？如果在一年后可以获得100美元，或者在一年零一星期内获得105美元的话，你又会选哪个？大部分人更希望在今天获得100美元，而非到一周后获得105美元，但几乎每个人都希望在一年零一个星期后获得105美元，而不是一年后获得100美元。换句话说，我们在短期内急躁不安，但在做长期计划时具备耐心。

但是，当很长一段时间过去，计划将得到实施的时候，这些选择再次成为短期问题，人们又变得急躁了。结果就是计划遭到了修改，人们又推迟了行动时间。所以在一年过去之后，当人们在即刻收到100美元和一周后收到105美元之间再次做决定的话，他们便会改变以前的计划，转而即刻收到100美元。

这正是人们为退休所留下的储蓄为什么往往不足的原因。储蓄意味着推迟消费——将货币从今天转移到明天。双曲线贴现表明，一个人宁愿现在花钱，而不是留给以后花，但他们确实打算存下越来越多的钱来。然而随着时间推移，他们的现实偏好再次出现了，会赞成今日进行消费，而非进行储蓄。换句话说，我们都有一种自然的倾向，在嘴上说我们以后会提高储蓄，但实际上永远不这样做。

同样的问题也出现于减肥之中。减肥需要耐心，但节制饮食之后，要过一段时间才能收到成效。这样一来，当面对甜点时，我们会屈服于巧克力蛋糕的诱惑，然后许诺说明天再不吃了，要锻炼一整天，吃些水果。当然，第二天我们还是这个样子。看上去这些近期决定似乎是由边缘系统做出的，而前额叶决定的则是更长期的决策。

如果双曲线贴现是人们储蓄过少的核心原因，那么是否有可能利用这种理论来尝试改变人们的行为呢？双曲线贴现的核心是三个要素：不能正确地对未来的自己负责；通过未来决策来改变计划的能力；在短期内不耐烦，在长期内则拥有耐心。这些都可以得到解决。

◎ 替未来的自己考虑

我们再来考虑一下甜品手推车的例子。你看着排列在甜品车架子上的美味布丁，想着它们有多么好吃。当你把它放进嘴里时，某种程度上是在期待未来的你采取必要的步骤来纠正体重问题。[20] 然而未来的你也会做出相同的事情来，再次将问题传递给后来的你。就这么一直继续下去。

我们若要优化人生计划，就要协调这些多重自我。在漫长人生中创造一种认同感，认识到今天的你与未来的你之间的相互作用，这些都是成功的百年人生的关键组成部分。要想完成这一目标，其中一种方法是"行为推动法"。想象一下，当你坐下来计划财务状况时，假设这不是你的计划，而是别人

第 7 章　金钱篇：长寿推手　251

的——它属于未来的你。或者想象一下你身边坐着 80 岁的自己——他们希望你考虑些什么？

有项耐人寻味的研究更进一步，使用软件（年龄处理算法）来预测一个人随着年龄增长，会变成什么样子。[21] 在图 7.2 中，我们展示了一位研究人员的年龄处理算法：你能看到他那不断变得苍老的相貌。这项研究的参与者得到要求，让他们想象自

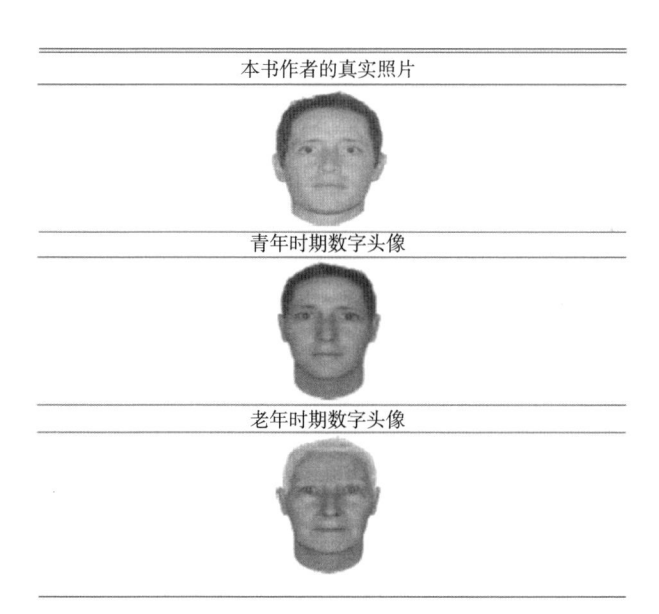

本书作者的真实照片

青年时期数字头像

老年时期数字头像

图 7.2　经过数字化处理的未来自我的头像
来源：H. E. 赫尔什菲尔德、D. G. 戈尔茨坦、W. F. 夏普、J. 福克斯、L. 耶克里斯、L. L. 卡尔斯滕森和 J. N. 拜伦森，《通过呈现未来自我的图像来促进储蓄行为》，《市场研究杂志》，2011 年第 48 卷，第 23—37 页

己收到了 1000 美元的意外之财，他们有四种处理这笔钱的方法：为他们心中特殊的一个人买东西；投资于退休基金之中；办一场有趣而奢侈的聚会；把它放在活期存款账户中。那些看到了他们自己的老年版数字头像的人，跟那些没有看到的人相比节省的资金多了一倍（前者为 172 美元，后者为 80 美元）。但是请注意，即使有着这种影响，现实偏好仍然存在。

◎ 坚持计划

人们若是要为迎接未来做准备，有时候便会因青睐长期的承诺，推迟实现短期的快乐。但是，他们有可能会改变决定或改变计划。财务决策的自动化可以减少背弃承诺的机会，自动地将资金从活期存款账户转移到储蓄账户就是自动化的一个例子。有趣的是，使这种自动化奏效的原因，正是我们之前描述的家庭资产组合惰性，当时我们把这种惰性当成一种问题来看待。然而在这里，惰性以积极的方式发挥着作用。一旦出现惰性，储蓄计划就会被保留下来。

我们预计，随着对储蓄心理学理解的提高，一些创新型产品将进入市场，旨在帮助实现储蓄决策的自动化。比如说，一个名为 Acorns 的财务软件包将把通过借记卡或信用卡进行的任何交易整合到一起，然后将这个数额四舍五入，存入一个投资基金。这不太可能成为养老金，但确实有助于减少储蓄不足的情况。[22]

经济学家理查德·泰勒（Richard Thaler）和什洛莫·贝纳尔茨（Shlomo Benartzi）设计了一个以承诺为基础的金融产品，它利用了双曲线贴现，并将现实偏好转化为了积极的东西。这是一个为雇员们准备，名为"明日储蓄更多"（英文缩写为SMarT计划）的储蓄计划。[23]该计划有四个特点，旨在克服一系列行为偏见，包括双曲线贴现。第一个特点是要求雇员增加他们的工资中流入储蓄计划的份额，不过是在未来这样做。根据双曲线贴现标准，所规定的储蓄额度里现在越远，就越有可能奏效。第二个特点是在职员按预定安排得到加薪之后，储蓄数额会上升；人们通常不愿看到目前的收入下降，但如果加薪之后可支配收入和储蓄都能增加，那么人们就更容易接受储蓄了。第三个特点是在未来，工资每上涨一次，储蓄率也会跟着上升，直到达到预设的最大值为止——这是前面提到的自动化。最后，职员总是可以随时退出计划。这一计划在一家制造工厂得到了试验，SMarT的参与者将储蓄率从收入的3.5%增加到了13.6%。请注意这些方案是如何尝试和转换我们之前遇到的现实偏好的，它们将这种偏好转移成了一种储蓄方面的正面优势。

我们预计将有越来越多的储蓄计划进入市场，以利用这些特征。当然，你也可以自己尝试，而不需要购买这些产品，只需在银行设置指令就行。然而，它成功的关键在于利用了惯性，同时将来改变指令会付出巨大代价。

◎ 保护你的旧自我

财务规划往往没有吸引力的一个原因在于，它需要我们想象自己老去时的样子。你可能会觉得自己是一个脆弱的老人，这是非常不愉快的。随着预期寿命的增加和发病率的下降，你可能会维持更长一段时间的身心健康。但这只意味着老年阶段得到了推迟，而非彻底消除。

双曲线贴现的概念促使我们对未来的自我做出承诺，这将是有益的，我们可能会更为健康，或者有更稳定的财务状况。你如果要通过当下的行动来保护未来的自己，那还有其他一些手段可供选用。这是因为，有证据表明金融素养随着年龄的增长而下降，在涉及分析性思维的方面更是如此。例如，在一项关于认知技能的研究中，研究者要求不同年龄的参与者回答各种涉及认知技能的问题。50岁及更老的参与者在分析能力方面出现了持续的显著下降，而从接近50岁一直到55岁左右的这一批人则拥有最好的金融素养。[24]

显然这些都是平均的结果，并不符合所有人的情况，但这确实耐人寻味。良好的财务决策由两部分组成：经验与知识，分析能力。年轻人具有较强的分析能力，但对金融产品的经验有限；老年人有许多经验，但分析能力则会下降。这就是为什么40多岁和50多岁的人能拥有最好的财务决策能力，原因就在于他们的经验和分析能力综合在一起时处于巅峰状态。

因此，对于中年人而言，相比通过金融工程来解决储蓄不足的问题，倒不如设计理财计划。

◎ 遗产

在计算你应该存多少钱的时候，我们把注意力集中在了养老金和转型方面，也提到了抵押贷款、学生贷款和医疗保健。储蓄的另一个常见动机是希望留下遗产。

对于大多数父母来说，当离开这个世界时，如果确定孩子在经济上是安全的，那便是一种安慰，而且人们将财产代代相传，达到一种不朽境界的欲望也很强烈。然而，经济学家则痴迷于战略行为，他们为父母之所以给子女留下遗产，提供了另一个非常阴暗的理由：战略遗赠动机。简而言之，父母可以通过阻止子女继承财产，来操纵他们的孩子在自己年老时的行为和注意力。有名的例子是李尔王将他的王国分给了他的女儿贡内尔和雷根（排除了他最喜欢，并且最年轻的科迪莉亚），因为他希望享受晚年生活，摆脱财产和事务的烦扰。然而，当他的财富转移到她们手中之后，她们则对他进行了残酷、粗暴而不自然的行为。莎士比亚的这出悲剧也许不是最好的经验证据，但是对当代美国家庭的研究也指向了一个相似的方向。[25] 可以肯定的是，研究时人们没有挖出谁的眼睛来（《李尔王》的情节），但数据显示，如果年长的父母拥有大量可遗赠财富的话，那这些家庭中父母与子女之间的联系会密切很多。值得强调的是，如果这一效果存在的话，那财富必须是可遗赠的。

这些都是丑陋的想法，大多数人认为战略遗赠动机这个概念会让人感到不适。很显然，遗赠背后还有其他更高尚的动机。[26] 人们如果在漫长的工作生涯中专注于积累财务资产，结果忽视了家庭的话，那可能会使战略遗赠的动机更加相关。布鲁克·阿斯特（Brooke Astor）在2007年8月死亡，死时105岁，她悲惨的案例显示，如果某人在年老时富可敌国，也不一定能保证他获得支持。这位慈善家、社交名流和作家是富有的阿斯特家族的成员。2009年，她的儿子安东尼·马歇尔（Anthony Marshall）时年85岁，和她的房地产律师弗朗西斯·莫里西（Francis Morrissey）因伪造罪而被监禁。更糟糕的是，阿斯特太太显然一直生活在一个破破烂烂的地方，用药遭到了限制。在这期间，公司和医疗人员都无法前来探访她。所以说，更重要的应该是平衡工作和生活，保证你从亲友那获得的关心和支持是出于他们对你的爱，而非出于大发横财的期许。我们应该记住，我们的无形资产——家庭和朋友，兴趣和激情——是我们终身幸福的最大来源。

金融知识问题的答案

问题 1：比 110 美元稍多些
问题 2：更少
问题 3：错
问题 4：对
问题 5：下降

第 7 章注释

1. HSBC, *The Future of Retirement: A Balancing Act* (2014).
2. Aguair, M. and Hurst, E., "Lifecycle Prices and Production", *American Economic Review* 97 (5) (2007): 1533–59.
3. Quoted in Prelec, G. and Weber, R., "What, me worry? A Psychological Perspective on Economic Aspects of Retirement", in Aaron, H. J. (ed.), *Behavioral Dimensions of Retirement Economics* (Brookings Institution Press, 1999), 215–46.
4. Skinner, J., "Are You Sure You're Saving Enough for Retirement?", *Journal of Economic Perspectives*, 21(3) (2007): 59–80.
5. Binswanger, J. and Schunk, D., "What Is an Adequate Standard of Living During Retirement?", *Journal of Pension Economics and Finance* 11 (2) (2012): 203–22.
6. HSBC, *The Future of Retirement*.
7. Mitchell, O. and Lusardi, A. (eds), *Financial Literacy: Implications for Retirement Security and the Financial Marketplace* (Pension Research Council Series, 2011).
8. Venti, S. and Wise, D., "But They Don't Want to Reduce Housing Equity", NBER Working Paper 2859 (1989).
9. Palumbo, M., "Uncertain Medical Expenses and Precautionary Saving Near the End of the Life Cycle", *Review of Economic Studies* 66 (1999): 395–421.
10. 考虑到 3% 是历史平均值，这就意味着只要出现一个巴菲特，就一定存在一个低于 3% 平均水平的投资者。因此，找到一个重要的投资者管理我的钱很重要，而避免那些低于平均水平的投资者也很重要。麻烦就在于分辨这二者，以及分辨运气与判断。
11. Clark, R., Lusardi, A. and Mitchell, O., "Financial Knowledge and 401(k) Investment Performance", NBER Working Paper 20137 (2014).
12. Hastings, J. S, Madrian, B.C. and Skimmyhorn, W. L., "Financial Literacy, Financial Education and Economic Outcomes", NBER Working Paper 1841 (2012).

13. Allen, S. G., Clark, R. L., Maki, J. A. and Morrill, M.S., "Golden Years or Financial Fears? Decision Making After Retirement Seminars ", NBER Working Paper 19231 (2013).
14. Campbell, J. Y., "Household Finance", *Journal of Finance* LXI(4) (2006): 1553–604.
15. Samuelson, L. and Zeckhauser, R., "Status Quo Bias in Decision Making", *Journal of Risk and Uncertainty* 1 (1988): 7–59.
16. 诺贝尔奖得主罗伯特·默顿（Robert Merton）的观点，见"The Crisis in Retirement Planning", *Harvard Business Review* (2014).
17. Heath, D. and Heath, C., *Switch! How to Change Things When Change is Hard* (Random House Business, 2011).
18. O'Donoghue, T. and Rabin, M., "Doing It Now or Later", *American Economic Review* 89 (1) (1999): 103–24.
19. 准确理解金融贴现需要我们使用远超上一章所提出的五大问题水平以上的金融知识。事实上，本条注释可能只有商学院的金融学教授才能看得明白。在指数贴现（exponential discounting）下，你以 e-rN 的利率（r 是贴现利率），用了 N 年的时间进行金融贴现。如果 r 数值为 0，你需要百分百的耐心，r 的数值越高，你所需的耐心就越少。双曲贴现（hyperbolic discounting）由此得名，因为它并不使用一个单独的 e-rN 而是用一个来自 1/(1+rN)的曲线。关键在于，标准的指数贴现中两个时期产出的相对权重总是相同，不管领先于那个时期多远。因此，在缺乏新信息的情况下，你现在说你将要做什么实际上是时候到来时你正在做的事情。在指数贴现中，将来的日期渐渐临近，你衡量事物也就不同，你所提出的计划也不是先前你所说的计划了。
20. 在《宋飞传》（*Seinfeld*）其中一集"眼镜"（The Glasses）里，主人公宋飞提及多重自我的问题，其中黑夜人与白天人有如下对话："我总是睡不够，我晚上睡得很迟，因为我是黑夜人。黑夜人必须待到黑夜。""睡五个小时再起床怎么样？""那是白天人的烦恼。这不是我的问题，我是黑夜人……所以你清晨起床……你疲惫不堪，东倒西歪，哦，我恨黑夜人！看见没，黑夜人总是压榨白天人."
21. Hershfield, H. E., Goldstein, D.G., Sharpe, W. F., Fox, J., Yeykelis, L., Carstensen, L .L. and Bailenson, J. N., "Increasing Saving Behavior Through Age—Progressed Renderings of the Future Self ", *Journal of Marketing Research* 48 (supp.) (2011): S23–37.
22. www.acorns.com
23. Thaler, R. and Benartzi, S., "Save More Tomorrow: Using Behavioral Economics to Increase Employee Saving", *Journal of Political Economy* 112 (supp.) (2004): S164–87
24. Salthouse, T., 'Executive Functioning' , in Park, D. C. and Schwarz, N. (eds) *Cognitive Aging: A Primer*, 2nd edn (Psychology Press, 2008).
25. Bernheim, D., Shleifer, A. and Summers, L., "The Strategic Bequest Motive", *Journal of Political Economy* 93 (1985): 1045–76.
26. 战略遗产动机的其他方面当下正在运行，参见 Hartog, H., *Someday All This Will Be Yours: A History of Inheritance and Old Age* (Harvard University Press, 2012).

TIME

第 8 章

时间篇
娱乐还是创造

FROM RECREATION
TO RE-CREATION

时间的馈赠是这本书的主题。我们已经思考过如何将这些额外的时间进行结构化和排序，以及在这些新的不同时间段内能获得多少成就。在这里，我们将注意力从大时间段上转移，考虑更小的时间段，几个月、几周、几天、几小时甚至是几分钟。我们要解决的问题是如何利用额外的几分钟、几小时、几天和几周的时间。你会长时间工作，将你的时间转换成金钱，还是上课，把你的时间转换成技能，又或者仅仅是躺在沙发上看电视？

时间本质上是平等的（每个人每天都有24小时），而且本质上也是稀缺的（大多数人说他们时间不够用）。那么活100岁与活70岁的生活有什么不同吗？从数量上看，当然不同。一周有168个小时：70年即61.1万小时，100年为87.3万小时。当生命延长的时候，肯定会有些质量上的差异，因为人们自己能决定如何度过额外的时间。机遇是巨大的：他们可以用它来创造自己的财富，培养自己的技能，与朋友、伴侣和孩子们放松一下，保持健康，去休假，拓宽交际圈或探索不同的工作和不同的生活方式。

在思考如何使用时间的时候，提醒自己，虽然我们可以将时间看作固定的，超出个人的控制，但实际上对时间的看法很大程度上是社会惯例。社会惯例对生活各阶段主导的时间模式的影响是显而易见的，也会影响较小的时间单位。工作日的时间长短、周内的工作天数、周末的存在、休假天数以及闲暇时间都不是固定的。相反，它们随着时间的推移而变化，而且肯定会继续下去。

因此，回顾时间使用的历史趋势是有用的，然后再考虑未来可能会如何变化。我们相信时间会发生彻底的重组，这种变化将是长寿的相互作用、无形资产投资的需要和长期的工作时间减少的历史趋势的结果。

◎ 工作时间的悖论

一般来说，现在人们的工作时间比 50 年前或 100 年前要少。早在公元 9 世纪，英国国王阿尔弗雷德就试图将一天分成三个 8 小时：8 小时工作，8 小时休息，8 小时放松。然而直到 20 世纪前半期，8 小时工作制在西方世界的大多数人中才成为现实。在工业革命期间，标准工作模式是每周工作 6 天，每天 10~16

个小时，成人和儿童都一样。直到 1847 年，英国政府通过了将工作限制在 10 小时以内的立法，但即便如此，也只是针对妇女和儿童而制定。

图 8.1 是美国平均每周工作时长的下降速度。到 1920 年，男性每周平均工作时长为 50 小时；到 2005 年，已经减少到了 37 小时。[1]

1930 年，著名的经济学家约翰·梅纳德·凯恩斯（John Maynard Keynes）在《我们孙辈的经济问题》（Economic Possibilities of Our Grandchildren）中写道："越来越繁荣的经济将带来大量的休闲时间，人类的核心问题将是如何找到行之有效的方式来度过这个空闲时间。"

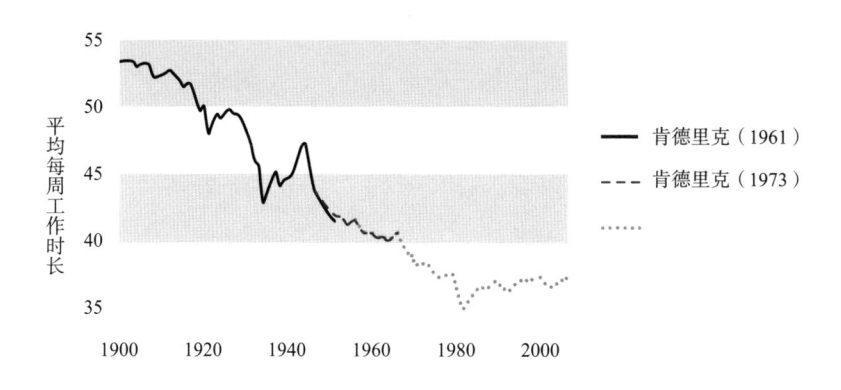

图 8.1　每个雇员的平均每周工作时长
来源：雷米、弗朗西斯，《一个世纪的工作与休闲》，《美国经济杂志：宏观经济学》，2009 年第 1 卷第 2 期，第 189—224 页

因此，有史以来，人类第一次面对真正存在的永久性问题——如何利用自由摆脱纷扰，如何利用科学和复利带来的休闲，智慧、愉悦、美满地度过人生。

凯恩斯指的不是长寿所带来的意外时间，而是繁荣造成的额外时间。他的推理是基于收入效应概念。这就是说，随着人们变得更加富裕，他们想要更多的消费，包括休闲。因此，随着生产力和工资上涨，工作时间将下降，工作周更短，周末更长，节假日更多。当然，不只是凯恩斯有这样的预测。一些当代技术专家认为，凯恩斯的愿景可以在未来几十年内实现，因为机器人可以提高生产力，把人们从枯燥的劳动和家务中解放出来。

凯恩斯大错特错，这种观点很诱人。你不可能觉得丰富的休闲是你目前生活中面临的核心问题，或者你未来的中心问题。但凯恩斯并没有全错；他正确地指出，日益繁荣和生产力的提高将产生更多的休闲时间，事实也的确如此。确实会有收入效应——只是不如凯恩斯预测的那么强。凯恩斯低估了20世纪消费主义的发展。的确，随着人们越来越富裕，他们想要更多的东西，包括休闲。但事实证明，人们想要的是物质财富，相比休闲时间，他们更加渴望物质。所以，虽然工作时间确实在下降，但并没有像凯恩斯猜测的那样急剧下降。这响应了我们在本书中发表的几点评论。你的消费速度越高，你喜欢的物品就越多，那么你可能会花更多的时间来工作。

即使凯恩斯高估了收入效应的影响，但还是存在的，而且多年来一直让平均工作时间在减少。因此，如果我们假设收入和生产力将继续上升，那么我们预计休闲时间会进一步增加，工作周进一步减少。

但是，如果我们把这个问题的考量从一般到具体化，那么可能会有所不同。想想你自己的生活：你是否觉得，如果你的工作量变少了，你就会有更多的自由支配时间？你可能会像大多数人一样感到时间不够，而且压力比以往任何时候都要大。[2]1965年，约25%的美国人说他们"总是感到匆忙"，到1995年，这一数字已经上升到35%左右。确实有证据表明，婚姻压力、缺乏睡眠和与压力有关的疾病正在增加。我们认为这种时间不够的感觉导致温迪妮诅咒。你被告知生命时间更长了，而就在你已经感到时间不够的情况下发现自己会工作更长的时间，想想都令人沮丧。

但如果凯恩斯是正确的，人们的工作量较少，那么，为什么这么多人觉得时间不够？

◎ 唐顿庄园效应

有种解释说，平均而言，工作时间已经下降了，但并不是每个人的工作时间都在减少。自 20 世纪以来，已经有了一个有趣的转变。一个世纪以前，穷人和低技术人员的工作时间更长。正是他们在工业革命创造的工厂里卖命工作。相比之下，富人和高技术人员的工作时间较少。在最极端的情况下，出现了凡勃伦的休闲阶级概念，这在热门影视剧《唐顿庄园》中展现得栩栩如生。[3] 穷人、非技术人员与富人、技术人员之间关系在 20 世纪 90 年代完成转变。在这一点上，工资较低的工人工作时间较短，而工资较高的工人工作时间更长。此外，工资越高，工作内容更多。[4]

最高收入人士尤其如此。1979 年，美国只有 15% 的高收入人群（定义为收入的前 20%）每周工作超过 50 个小时。到 2006 年，这一数字上升到 27%，几乎翻了一番。反之亦然。1979 年，22% 的低收入人群（收入最低的 20%）每周工作超过 50 个小时。到 2006 年，这一数字下降到 13%——几乎减半。

为什么高收入人员工作时间更长，为什么他们没有加入凡勃伦的有闲阶级？要了解这一点，我们必须考虑另一种影响，随着时间的推移，它们抵消了收入效应的影响。这就是替代效应。据预测，随着工资上涨，休闲（即减少了工作量）的成本也随之上升。从这个角度看来，因为工作时间较少，工作周变短的代价是收入的减少。所以随着收入的增加，休闲时间变得更加昂贵。在某种程度上，替代效应开始生效：一个人的工资现在如此之高，以至于休闲的成本十分昂贵，因此他决定花更长时间工作。当然，在这方面，税收问题也起了一定作用，转变发生的原因之一便是最高税率的降低：纳税人支付的越多，消费休闲就越便宜。这就是为什么在欧洲，由于税率较高，人们往往工作周较短，假期较长。

人们选择花更长时间工作（比凯恩斯预测的时间要长），这不是唯一原因。还有地位问题。当人们长时间工作时，除了他们自己，其他人也都认为他们很忙碌且被需要，所以他们可能对自我和外部价值感觉更好。人的工作环境在决定工作时间方面也起了重要作用。"工作中空"的影响之一是技能水平最高的人员面临更大的压力，因为他们清楚地看到劳动力市场中的"赢者通吃"现象。事实上，企业领导者可能会长时间工作，因为他们认为长时间工作是企业维持其全球统治地位和市场竞争战略的关键。在如今全天候的工作环境中，工作时间减少不仅有损失业务的风险，而且会失去大量业务。

也许更有趣的是，高薪工作以及这份工作所要求的时长，也可能有着令人愉快的方面。这并不是否认这类职位带来的压力。值得注意的是，研究表明，工作满意度会随着工资的增加而增长。[5] 很可能是工资提高了工作满意度，或者说劳动越少、越是非常规的工作就越是令人愉快。这样的结果就是在其他条件相同的情况下，越是愉快的工作，人越是准备花更多的时间在上面，其他事也是一样。

◎ 休闲之谜

然而，感到时间不够还有其他原因。即使平均下来，人的工作时间减少，这并不意味着他们有更多的休闲时间。显然，不工作、不学习的时间并不等同于休闲时间。例如，你可以每天工作8个小时，但是如果除此之外你有2个小时的通勤时间，难道那不应该是你的"工作日"的一部分吗？亚里士多德将休闲定义为不需要劳动的自由，但劳动不仅仅是在工作上花费的时间。

仅仅因为你不在工作，并不意味着处理日常事务或做家务的时间也算作休闲。不可避免地，休闲的定义侧重于自由使用时间，但即使这样也不完全正确。如果你愿意，你可以选择睡眠6个小时而不是8个小时，但这是否意味着额外的2个小时睡眠应该算作休闲时间？

还有一种思考休闲和时间分配的方式，就是想想人们从不同活动中能获得多少享受。美国调查的结果显示，最令人愉快的活动包括性、运动、钓鱼、艺术、音乐，在酒吧、公共休息室进行社交活动，与孩子们一起玩耍、陪孩子们聊天、阅读、睡觉、去教堂、看电影。而最难令人享受的则是工作、婴儿护理、家庭作业、第二职业、做饭、照顾小孩儿、通勤、差旅、家庭维修、洗衣和处理儿童健康问题。[6]我们可能工作得更少了，但是我们有花更多的时间来做这些让我们获得最大乐趣的事情吗？

现在，人们有多少闲暇时光？一项研究估计，1900年，人们每周休闲约为30小时；到了20世纪50年代，为40小时；而在20世纪80年代，又增加到45小时。从此以后，它一直在减少，到2000年回到40小时。其他研究表明，休闲能带来更大的收益。1965—2003年，男人从每周5~8小时，女人从每周4~8小时的额外休闲时间中受惠。[7]

所以，凯恩斯是正确的——许多人从更多的休闲中受益，虽然增长的幅度远远不够。此外，休闲、周末和节假日的增加意味着20世纪休闲产业的大幅增长；运动、旅游、电影和电视都发展为从人们享受额外的休闲中获取商业利益的产业。

这就引出了本次辩论的核心——究竟该分配多少时间给休闲。在撰写本文时，大多数人比20世纪初的人有更多的自由支配时间。但是，如果人们觉得时间不够，那么他们想的不是自由支配时间，而是空闲时间。换句话说，人们可能正在做出选择，以填补他们的自由支配时间，从而导致他们几乎没有空余时间。正如经济学家加里·贝克尔（Gary Becker）和斯塔凡·林德（Staffan Linder）所表明的那样，消费需要时间。[8]随着人们越来越富裕，他们拥有更多的消费品，所以他们的闲暇时间变得更加忙碌，因为商品的积累速度超过了可用的闲暇时间的增长。结果是人们觉得他们正在把自己的休闲时间压缩成越来越短的时间碎片。剧场、Facebook、派对、钓鱼之旅，最新的 Netflix（网飞，一个视频网站）迷你剧，等等。这些活动就在眼前，你如何挤压自己的时间呢？

◎ 职业时间

当你想到如何安排时间度过自己漫长而丰富的生活，可能会想到每天工作 8 小时，然后周末休息 2 天。我们相信现在是时候来质疑这种时间分配的模式了。如果凯恩斯的收入效应逻辑仍然存在，那么有可能会有更多休闲时间，工作周也会更短。

在大部分发达国家，工业革命导致了工作时间大量增加。有个现象非常有趣，从 1200 到 1600 年的 4 个世纪里，一个英国人的年均工作时间在 1500~2000 小时之间。然而到了 1840 年，工业革命迅猛发展时，每年的工作时间已经飙升到 3500 小时左右。在英国和美国，一年工作 52 周，每周工作 70 小时都很普遍。毫不奇怪，整个 19 世纪，在整个工业界，渴望更短的工作周成为大众劳工组织的一个常态。

由于工人的斗争，星期六逐渐成为半休日，但是工作周时长还是远远超过 40 小时。到了 20 世纪上半叶，一周工作 5 天和 8 小时工作日开始规范化。1914 年，亨利·福特（Henry Ford）在美国引进了一周 40 小时工作制，但直到 1938 年，才将工作限时合法化。欧洲的进步要早一些：德国在世纪之交颁布了限时法律，俄罗斯是在 1917 年，葡萄牙 1919 年，法国 1936 年。到 2015 年，德国每周平均工作时间为 35 小时，而法国、意大利和英国则为 37 小时。

同样，随着时间的推移，劳工运动已经展开并卓有成效，例如带薪休假的增加，尽管各国在假期时间方面存在很大的差异。在撰写本文时，欧盟的全职工至少有 20 天带薪假，虽然在许多国家，实际上假期会更多：法国和英国有 25 天，瑞典有 33 天。而在其他国家，规定的假期时间很短：在美国是 12 天，在日本是 20 天。

每周工作 5 天和带薪休假带来了根本性的转变，这值得我们好好思考。为什么一个星期由 7 天组成，长期以来一直是个谜。它并不是模仿任何自然现象。年月似乎起源于古巴比伦，并经历了法国大革命时期革命派的人为努力，当时人们打算将每月分为 3 周、每周 10 天合理化。安息日或休息日的存在算是近期的产物，但仍然可以追溯到几个世纪以前，即使这一天本身在不同的国家和地区也有不同的变化，安息日的风俗习惯也随着时间的推移而变化。因此，每 7 天为一周、每周一个休息日在人类历史上长期存在，但周末却是一个较近的创新的事物。《牛津英语词典》对"周末"这个词的常用用法的解释是从 1878 年开始，每周除工作之外的 2 天休息时间。因此，5 天工作日和 2 天休息日的概念是一个相对的历史创新事物，而不是深深植根于我们心灵的东西。

换句话说，星期的结构在历史上不是固定的，而是随着时间的推移而变化。展望未来，如果工作时间继续下降，那么在我们看来很可能会有进一步的时间和工作周的重组。我们面临的挑战是，如果平均工作日时长为 7 小时，在此基础上继续限制工作时长可能不是最佳选择。那是因为上班有固定的成本，比如通勤、准备工作或在家过渡。这些设置成本意味着工作日时间延长、休息日天数增加也许是更好的趋势。从本书的角度来看，有趣的是是否有可能以支持百年生活的方式重组时间。很多人对此进行了辩论。例如，墨西哥的亿万富豪卡洛斯·斯利姆（Carlos Slim）认为，社会应该过渡到一个为期 3 天的工作周，每一天都由 11 个小时的班次组成。[9] 他的论点是，人的退休年龄为 75 岁，他希望改变大多数人退休才有休闲的情况，认为贯穿整个人生的休闲才更有意义。

简的方案中重组时间的困境非常明显。我们认为，如果没有根本性的时间重组，三阶段人生或三个半阶段人生都不会奏效。如果简朝九晚五工作到 80 岁，每周休息 2 天，每年有 2~5

周的年假，那么简才能够保留她的生产性资产，维持她的生命力资产，这看起来并不可行。她根本就没有自由的时间来重塑自我，给自己注入新的活力。这就是我们创建了四阶段人生和五阶段人生的原因，并引进了基于探索和成为独立制作人的阶段的概念。

但是，如果简想在工作生涯的大部分时间里为公司工作呢？那么三阶段人生和三个半阶段人生将成为可行的选择。但是要做到这一点，简每周的工作要少于5天，她需要更长的休息时间来重塑自我，给自己注入新的活力。如果休闲时间会更多这样一个历史趋势能够继续下去，且伴随着每周一次的时间重组，那么简将有更多的潜在方案进行选择。事实上，这可能包括三个阶段的职业生涯，工作周更短，假期时间更长。

这意味着我们为简创建的所有方案都是建立在某种方式上，而在这种方式中，时间和工作的关系比目前大多数公司实践的更加灵活。这就是为什么我们预计在大量的实验中，人们试图在工作时间里重塑自我，获得新生。他们这样做，会使目前企业时间的惯例结构面临越来越大的压力。

正如经济学家克劳迪娅·戈尔丁所表明的那样，相比不休假的人，休假的人（通常是有小孩儿的妇女）终身收入明显要低得多。[10] 其他研究表明，试图通过在家工作或灵活工作来控制自己时间的人不大可能被提拔。[11] 因此，对于目前那些希望建立快节奏、高收入职业的人来说，抽出时间或灵活安排工作并不明智。在此重申威廉·福克纳的一句名言："如果你脱离枷锁，你就会冒着被践踏的风险。"[12] 公司需要长期、不间断、标准化的工作时间，个人想要工作灵活性，必然与之产生冲突，造成紧张气氛。这一领域会极大地推动企业惯例和认知。准确地预测其影响或改变的速度并不可能，然而，不断增加的压力将导致时间更加多样化，高技能的工作将创造其独特的时间结构模式，休闲将从娱乐变成再创造。

◎ 时间更具多样性

显然，多段式模式出现，代替三段式工作生活模式，这将导致更多样化的生活阶段模式。同时，对于如何最好地分配时间也会有不同的需求。在积累资金的阶段中，我们可以想象，人们还会长时间工作。在生活的其他阶段，由于家庭或教育原因，人们会需要减少工作日，增加休闲时光。毫无疑问，个人对灵活性和定制工作周的愿望将与公司对标准化和可预测性的愿望相冲突。然而，最终可能出现妥协的局面，企业为不同的工人提供不同的时间方案和工作责任。

当然，每周可以有多种方式进行重组。工作日可能会变短，夜晚会变长，或者前工业时代的圣周一传统会出现，工匠不定期休息一天，这样创造 4 天工作日 3 天周末的新模式。但是 3 天时间的周末大大增加了休闲时间，短时间内不太可能发生。如果要开始，或许可以像工业革命时期一样，先把星期五变成半休日？或者周五成为休息日，但是其他工作日的长度延长？现在有些公司正在尝试在工作周的时间上发挥更大的灵活性和多样性，许多替代方案正在浮出水面。

并不是所有的公司都在尝试，许多公司也会抵制这种多样性和灵活性。想要创造灵活的自由支配时间，你可以为自己或为更有可能提供灵活性的小型公司工作。出于同样的原因，有时候独立生产者将是非常有吸引力的职业。

◎ 人人都享有灵活支配权？

如果在时间结构和顺序上有灵活性，三段式工作生活模式就更有可能发挥作用。事实上，这种灵活性还将支持正在出现的其他一些新阶段。但是，为了实现财务成功，多段式方案究竟需要多大强度的工作期呢？在五阶段人生中，简有两个时期在高强度企业工作：分别是 EatWell 和 TalentFind。这对于真正想要通过从事高技能职业或担任领导人角色来建立自己有形资产的人来说意味着什么呢？周末延长、假期增多的时间结构对于他们来说合适吗？

我们对此表示怀疑，主要有两个原因。在我们看来，资深的领导角色永远需要长时间且高强度的工作。但必须承认的是，这种强度造成了一种严重的倦怠，在长达60年的工作中，这种程度是无法持续的。对于这群人来说，三段式的工作生活将无法维持。为了维持一个健康的百年生活，家庭和生命力的投资需要更多的自由支配时间，而不仅仅是一个更长的周末。此外，这些高技能角色将需要在技能和技术上持续进行投资，以抵消角色和职业的迅速退化。这不仅仅是在时间的推移中增加知识，更重要的是重塑自我和发生实质性的转变。这种对新知识的投资需要一种大量的、持续的关注，而这种专注无法在"一周一天"的模式内完成。

因此，尽管我们可以想象，周末更长、假期更多适合某些工作，但对于高技能的工作来说，我们在五阶段人生中描述的时间结构更有意义。在这种情况下，两段高强度的企业活动经历被过渡阶段所限制。在这段时间里，简能够专注于构建自己的无形资产。

本书的读者包括那些从高水平教育和收入中获益的人，并对他们在工作场所与雇主关系以及一系列抉择产生一定的市场影响力。不是每个人都能如此幸运，在百年生活中，最大程度地利用时间对于每个人来说都是一个挑战。我们可以想象，对于那些技能和选择较少的人来说，缩短工作周的三段式方案仍然是一个默认选项。甚至，随着时间的推移，政府会引入终生的过渡补贴，以帮助那些资产较低的人实现无形资产的投资。就像带薪假期和产假 (现在的陪产假) 一样，我们可以想象，这些终生的过渡补贴是一样的，以确保不仅仅只有富人才能实现百年生活所需要的改变。

◎ 再创造与娱乐的平衡

除了期待时间的重组，我们还期待着如何使用时间，尤其是休闲时间。百年生活将重点放在发展家庭和朋友、技能和知识、健康和活力等关键性的无形资产上。与朋友和家人在一起的时间，花在教育和重组上的时间，以及花在锻炼上的时间，这些都需要投资。长寿需要加大对这些资产的投资，尤其是在教育方面。

一个为期三天的周末肯定会创造出时间和空间，会为这些无形资产加大投资。然而，这就足够了吗？百年生活是否需要对无形资产进行更大的投资，而不仅仅由三天的周末所提供？我们相信人们对休闲时间的看法会发生根本性的转变。

我们当前的许多时间观念，包括对休闲的定义和使用，都随着工业革命出现。农业工作的时机——情景性和慢节奏——并没有很好地转化为工厂环境。加上机械表的可靠性不断上升、成本的不断下降,导致了结构清晰、定义清晰的工作日。[13] 工厂的工作要求创造一个固定的工作日,工作和家庭要分离。休闲也变得更加清晰,不再是季节性的,因为新的休闲时段被发明了:童年、退休、晚上、周末、圣诞节和暑假。

随着这些新的休闲时光的产生,人们不得不决定如何度过这段时间。劳工运动呼吁缩短一周的工作时间,要求两天的周末,以便在漫长而紧张的工作周后,恢复体力和精神。此外,由于工作和家庭分离,孩子们也禁止离开工厂,他们的愿望是利用闲暇时间来重温家庭时光。

随着休闲时间的增加,休闲产业也在发展。在城市化和标准化闲暇时间的帮助下,企业家开始开发新的娱乐形式。音乐厅、电影院和职业足球的兴起都是很明显的例子。在工业革命之前,休闲在公共场所以一种难以被定义的方式发生。随着工业革命的进行,休闲变得私有化和正规化。[14]

在过去的100年里,休闲产业一直持续发展。随着休闲时间的增加,这个产业的价值也在增加。因此,自由支配的时间越来越多地用于休闲活动:看电视,参加体育活动,购物,外出就餐,享受奢侈的休息。这些都涉及消费时间,而不是使用时间。

随着人们的寿命越来越长,需要对他们的无形资产进行更多投资,我们预计会见证人们休闲方式的转变。我们希望花更多的时间在无形资产上投资，而不仅仅是消费时间。换句话说，我们要更多的是再创造而不是娱乐。正如卡尔·马克思所指出的："节约劳动时间意味着增加自由时间，即个人的完全发展时间。"[15] 由于再创造通常是一种个人的追求，我们可以期待看到一个更个性化的休闲议程，它由再创造和娱乐组成。如果说过去的 100 年见证了一个以消费为基础的休闲娱乐产业的私有化发展，那么我们就可以期待下一个不断增长的休闲产业，以追求个人、自我提升和休闲为投资目标。

◎ 后工业时代的时间

当生命延长时，时间就会被重新调整，不管是我们之前描述的新阶段还是我们在这一章中所讲的工作周。重组时间听起来可能很夸张，但也早有先例。这就是为什么我们经常提到工业革命的影响。正是在这一时期，许多盛行的社会习俗得以被确立。

长时间、受监管和标准化的工作时间是工业革命的产物。它也带来了工作和休闲之间的明显区别，人们工作的地方和生活的地方，工作环境和家庭之间也泾渭分明。它导致了性别角色的重大变化，在养育孩子方面扮演了更大的角色，三阶段人生方式出现，因为孩子被排除在工作场所之外，公司也鼓励退休。

在过去 20 年里,许多这样的特性受到了挑战,它们的影响和受欢迎程度也被削弱了。性别角色、工作和休闲的分离以及标准的工作周都受到了压力,表现出巨大的变化。我们相信,由于百年生活的需要,人们正面临的深刻的技术变革,已经在发挥作用的社会趋势将得到显著加强。工业革命导致时间的结构发生了巨大的变化。也许这个新时代将带来更大的变革。

第 8 章注释

1. Ramey, V. and Francis, N., "A Century of Work and Leisure", *American Economic Journal: Macroeconomics* 1 (2) (2009): 189–224.
2. Schor, J., *The Overworked American* (Basic Books, 1993) and *Plenitude: The New Economics of True Wealth* (Penguin, 2010).
3. Veblen, T., *The Theory of the Leisure Class: An Economic Study of Institutions* (The Macmillan Company, 1899).
4. Costa, D., "The Wage and Length of the Work Day: From the 1890s to 1991", *Journal of Labor Economics* (1998): 133–59.
5. 例子参见 Grund, C. and Silwka, D., "The Impact of Wage Increases on Job Satisfaction–Empirical Evidence and Theoretical Implications", IZA Discussion Paper 01/2001.
6. Ramey, V. A. and Francis, N., "A Century of Work and Leisure" (National Bureau of Economic Research, 2006).
7. Aguiar, M. and Hurst, E., "Measuring Trends in Leisure: The Allocation of Time Over Five Decades", *Quarterly Journal of Economics* 122 (3) (2007).
8. Becker, G., "A Theory of the Allocation of Time", *Economic Journal* (1965): 493–517; Linder, S., *The Harried Leisure Class* (Columbia University Press, 1970).
9. http://www.ft.com/cms/s/0/4899aaf8-0e9f-11e4-ae0e-00144feabdc0.html#axzz3nJ2crVXm.
10. Goldin, C., "A Grand Gender Convergence: Its Last Chapter", *American Economic Review* 104 (4) (2014): 1–30.
11. Elsbach, K. and Cable, D. M., "Why Showing Your Face at Work Matters", *MIT Sloan Management Review* 53 (2012): 10–12.
12. Faulkner, W., *The Wild Palms* (Random House, 1939). 中文版可参考(美)威廉·福克纳,《野棕榈》,上海译文出版社,2009 年、2016 年版。
13. 欲了解更多历史趋势,参见 Cross, G. S., *A Social History of Leisure Since 1600* (Venture

Publishing Inc., 1990); Cunningham, H., *Leisure in the Industrial Revolution* (Croom Helm, 1980).
14. 例如，英国以前一整天的、不按规则的暴力足球现在已经被吸引大量观众的足球联赛所取代，一场明确的 90 分钟比赛，人数固定，有裁判员执法，而且在体育场内举行。
15. Marx, K. *Grundrisse* (1858).

RELATIONSHIPS

第 9 章

亲友篇
改变的私生活

THE TRANSFORMATION
OF PERSONAL LIVES

生命中的每一方面都会随着生命的延续而发生变化。婚姻关系和伴侣关系越长久，越会面临经历更多变化的考验。因此，想要避免增加出现裂痕的风险，他们需要灵活变通。家庭拥有更少的孩子但是更多的祖父母和曾祖父母，就会出现四世同堂的情形。这也为老一辈人指导年轻人、年轻人赡养老一辈人创造了机会。对于父母来说，一旦将孩子养育成人，他们仍然有时间来将重心放在友谊上面，而他们的朋友可能会更加多元化，因为他们会在不同的年龄层里遇到那些拥有同样想法和热情的人。

在个人生活方式改变的模式上，工作环境也发生着变化。许多家庭成员开始工作到70多岁，有些甚至80岁还在工作。随着越来越多的女性开始工作，传统的家庭角色将进一步瓦解。家庭成员间的角色也受到影响，尤其是那些选择为孩子承担更多责任的父亲。这种效果会由于父亲们开始需要更加灵活的工作模式来支持他们的多阶段生活而得到加强。

这些问题是我们在本章谈论长寿对于人们个人生活的影响时，要谈到的问题。我们感兴趣的是，家庭内部可能发生的事情，在工作和家庭之间的界面会发生什么变化，以及多代人的生活将如何运作。

家庭

加里·贝克在他1981年的论文《关于家庭》中，提出了一个基于他称之为"产出互补"的家庭经济理论。在这个家庭中，丈夫和妻子各司其职，分别经营市场和家庭，因此比分开经营更富有成效。[1]

◎ 婚姻

当杰克结婚时，就像他之前的几代人一样，他和他的妻子只是遵循了这些经典的角色分化规则。正如沃顿商学院的心理学家斯图尔特·弗里德曼所言："早期的一代男性认为自己是养家糊口的人，他们追求事业的目的就是为了养家糊口；这是一种无缝对接、无冲突的思维倾向。"[2] 杰克专门用他在工作中赚来的钱来供养家庭；吉尔专门抚养孩子，为家庭建立一个温暖的、适合养育孩子的环境。最简单地说，杰克的工作是建立有形资产（金钱、养老金、住房），吉尔的工作是建立无形资产（情感支持、一群更广泛的朋友）。

杰克生于 1945 年，尽管他以传统角色的模式开始了婚姻，但在他的一生中，他发现他所认为的大部分理所当然的事情开始发生变化。在他的成年生活中，他见证了结婚率下降，同居率上升，结婚和生育年龄上升，离婚率上升，然后再下降，以及再婚人数增加。[3] 这些变化的背后有很多驱动因素：比如避孕的发展、立法的改变、社会和经济对性别不平等的态度的改变，当然还有更长的寿命。

这些发展变化对吉米的生活产生了更有力的影响，在他的人际关系处理上留下更深刻的印象，同时也塑造了他对伴侣关系的期望值。吉米出生于 1971 年，他进入了一个社会学家安东尼·吉登斯认为的现代社会。比如婚姻，它们的活力开始和以往各种社会秩序形式都不同，它们削弱了传统的习俗和习惯，以及它们的全球影响力。[4]

这种活力在吉米的例子中很明显，因为家庭和婚姻的变化已经从根本上改变了他的日常生活和社会生活。如果吉米生活在欧洲或美国，他年轻时就经历过性革命，这导致了女性性自治的转变和同性恋的合法化。对吉米而言，当时地域流动性和大众传媒开始削弱传统社会生活当中的许多要素时，传统的家庭生活和人际关系观念就发生了变化。吉米 16 岁时，雪儿·海蒂

（Shere Hite）发表了《女性和爱情》(*Women and Love*, 1987)，引发了一场关于女性角色的风暴，开始了一系列社会辩论、重新调查和进一步的辩论。男性和女性之间的相互关系以及各自所扮演的角色成为更广泛的公开谈论的一部分，但也改变了人们对性的看法、男性和女性的角色，以及家庭的组成部分。[5]

简出生于1998年，她的母亲是家庭妇女，她的父母在她十几岁的时候就离婚了。她的个人生活将如何发展？在五阶段人生中，我们为简构建了一个相当传统的个人生活。在她的成年生活中，她大多数时间都在工作，并和她的伴侣若热生育了两个孩子。在决定将大部分时间用在工作上的时候，简的经历与世界上数百万女性的经历一样。而这种拉长的双职业伙伴关系将对这些女性、她们的伴侣以及她们的雇主产生深远的影响。

除了以上这些社会和经济趋势，简还将探索长寿和多阶段生活的崛起所带来的影响。我们可以预期这会对她的看法和选择造成影响。在更长寿的生命里，选择变得更有价值，所以人们选择晚婚，尤其是女性，也就不足为奇了。然而，长寿对个人生活和家庭的最大影响可能是，在整个人生中，我们花更少比例的时间集中在抚养孩子上。人们有更多的时间，而没有照顾孩子的责任。这种影响已经被察觉到了。1880年，75%的家庭都有孩子住在家里；到了2005年，只有41%的家庭有孩子在家。在你的生命中，大量时间没有和孩子在一起已经变得司空见惯了。⁶尽管这种结果进展缓慢，但是贝克提出的产出互补性及其基于性别的劳动分工的重要性和被大众认可的适当性下降得非常明显。

这种劳动分工也受到其他因素的影响。当吸尘器、冷冻机、洗衣机、洗碗机和已经做好的食物可以为她们做许多工作时，妇女不必专门从事在家工作。与此同时，逐步缩小的男女工资差距，进一步破坏了各种活动的性别分离。当双方都有机会赚到同样多的收入时，这就大大增加了将一名家庭成员投入家庭劳动的机会成本。

如果在合作关系中，贝克的产出互补性变得不那么重要了，那么取而代之的是什么呢？在吉登斯看来，会取代其地位的是"亲密关系的转变"，这是一种纯粹的关系。这种关系不再以传统的契约为基础，而是仅仅寻求关系本身能给双方带来什么。这样的关系是本能地组织起来的，对不断的重塑和提问持开放态度，而不是静止的，容易产生惯性阻力；它们有回旋的余地。承诺和奉献在这些关系中扮演着重要的角色，因为"承诺的人愿意承担牺牲其他潜在选择的风险"。⁷因此，这取决于伴侣之间的相互信任：每个人都是值得信赖的，他们的共同纽带能够经受住未来的创伤。也许对于每个伴侣来说最重要的是，自我认同是通过自我探索和与他人的亲密关系来达成的，创造了一个共同的历史。当然，这种纯粹关系的最大矛盾在于，这种承诺需要某种保证,这种关系可以无限期地维持下去。然而,纯粹关系的特征是,它们可以被终止,几乎是在任何特定的点上都可以被任意一方终止,或多或少。在这种情况下,很多地方存在很大可能的紧张和冲突,而在长时间内,处理这些紧张和冲突的能力至关重要。

在这种亲密关系发生转变的同时,婚姻的经济特征也悄悄地发生了重大改变。随着双收入家庭的兴起,人们不再那么关注夫妻双方的产出互补性,因为现在两个人都在工作了。相反,大家更重视的是消费互补性。从双方关系角度来说,这种新型的伙伴关系之所以有效,是因为它们为自反性和共享历史提供了背景。从经济学角度来说,这种合作关系有效的部分原因是,相比两个单身人士独自生活,两个人共同负担一间大房子、享受一个假期或者经营一个家庭会比较便宜。这里面也包含了风险分担的重要优势。这在简和若热的生活中起到了重要的作用,我们也期望看到更多的夫妻也能这样彼此承诺,共同承担风险。这也许能在某种程度上解释现在我们称之为"选择性婚配"的这种重大变化,即双方的年龄、教育程度和收入水平都差不多。[8]在贝克的传统婚姻观中,当伴侣之间存在显著的收入差异时,产出互补性就会最为明显,从而给比较优势提供了更大的空间。然而,当潜在的收入差异变小,夫妻双方就更容易来共同分担风险,最容易产生这种效果的就是夫妻双方赚钱的能力都差不多。

在吉米的一生中，婚姻都是在发展变化的。贝克的"产出互补性"的概念被基于"消费互补性"和风险分担的优势这种"纯粹"的关系所取代。毋庸置疑，简的漫漫一生还将有更多变化。在贝克的模型里，是妻子通过她对家庭和家人的关注创造了无形资产。在简的多阶段生活中，需要生产的无形资产也会延伸到生产性资产。因此，我们相信，事情将回归到传统的专业化和"产出互补性"的概念，但这一次是基于生产性资产的创造，并让每个伴侣在各自生活的不同阶段都处于领先地位。

很显然，在长期的伙伴关系中，这种变化需要高度的互补性和合作伙伴之间的协调。这些多阶段的生活将涉及许多转型，而这些转型想取得成功并不容易，它需要以下这些支持：提高技能、应对新的挑战和投入新的网络里。伴侣之间亲密无间的配合会让这些变得容易很多。这就是为什么这种高质量的伴侣关系如此重要。在漫长的一生当中，他们为彼此提供情感上的支持，并为讨论艰难的决定和真诚的批评提供意见。[9]伴侣们帮助对方让大家的注意力集中在那些重要的事情上，为他们有限的时间和精力精打细算，健康地生活，而且慎重地做一些选择——有时候是很艰难的选择，比如工作、旅行、家庭管理和社区活动的投入度。让这些伙伴关系长期有效，需要的不仅仅是大量的技能、承担责任的能力和资源协商。

这种长期合作的伙伴关系一旦成功，就能够为深层次的协调创造条件，在创造无形资产的同时，让家庭维持一定的收入。在三阶段人生中，那些双收入家庭倾向于要么拥有一个占主导地位的挣钱者而另一个中等收入的伴侣，要么是同等收入的双职工家庭。在多阶段的生活中，我们预计更多的家庭会有双收入，而他们的角色将在上述两者之间协调转换。在不同的阶段中，当双方中的某一方变为主要的挣钱者，就会发生转换。有时候，这种转换是不可预测的，但更常见的是，它是对未来具体规划、正在进行的谈判和承诺的结果。在一个三阶段人生中，双收入家庭需要学会如何在每周的工作中平衡和协调他们的家庭责任。在一个多阶段的生活中，这种平衡和协调需要几十年的时间，而不仅仅是几周的时间，而且需要高度的信任和大量的计划。

从简的五阶段人生中可以清楚地看到这一点。她的伴侣和家人对她而言非常重要，而且他们将经历许多转变。她正过着一种期望和规范都迅速变化的生活，她将在那里尝试新的生活方式和行为准则。她现在也开始做出一些需要长时间才能看到成果的承诺。考虑到这些转变，如何才能让这些伙伴关系修成正果呢？

人生百年，无外乎是为那些积极的选择做出准备，并理解其后果。它也关乎做出承诺并信守诺言。这将使谈判的重要性凸显出来。并不是每个人都会认同谢丽尔·桑德伯格对即将毕业的女性的建议："你要做的最重要的职业决定就是，是否要有一个伴侣，以及那个伴侣是谁。"[10]但这是一个至关重要的决定，对人的一生有深远的影响。对于桑德伯格而言，高质量的伙伴关系意味着在长时间内实现公平的分配，并对每个家庭成员都有共同的成功愿景，而不仅仅是为自己。[11]在一个长期且有成效的生活中，很显然男人和女人都将被要求对彼此的看法和行为做出根本性的改变。这种改变的程度是相当巨大的。

我们在这里假设婚姻仍然是一个很受欢迎的选择。这并不否认其他形式的婚姻的出现，我们会看到其他多样的且被大众接受的婚姻选择，比如同居或者单亲家庭。然而，我们相信，从长久的伙伴关系里的收获、婚姻合同具有法律约束力的性质，以及离婚案件中的财务安排，如果有的话，都会通过多阶段生活中需要的那种协调性得到增强。

◎ 孩子

我们为我们的三个人物——杰克、吉米和简提供这样的场景——我们对他们成为父母一事觉得非常敷衍了事。生孩子好像就是碰巧发生了一样。尽管更长的人生意味着花在养育孩子上的时间更少，我们认为对于如此重要的话题来说这是不合适的。

我们在讨论长寿问题上的重点是人们可以做出的许多选择。但是，有个条件限制依然是非常不灵活的，那就是女性的生育期。无疑，随着生育治疗技术的快速发展，比如冷冻卵子，将扩大生育期，但这不大可能与年龄完全脱节。尽管许多人的寿命延长了，并且带来了新的选择，但是在不久的将来，生育期依然不太可能变得很灵活。这一点很重要，因为留给女性回答是否要生孩子、什么时候生以及和谁生这些问题的时间并不多。寿命越长，这些选择的意义就越深远。

可以通过改变简和若热的生孩子的年龄来考虑这些选择。在五阶段人生中，他们开始组建家庭时，已经将近40岁了。我们可以为简和若热创造另一个场景，那就是让他们在20多岁的时候成为父母，这将给他们一个30多岁时建立职业生涯的机会。但是，他们在20多岁时相遇的可能性是多少呢？那么，"探索期"阶段对于他们来说可能是非常重要的，他们会发现他们的选择吗？而且，简和若热真的能够在生命的早期找到一个人生伴侣吗？

这就是为什么在五阶段人生中，他们将近40岁，第一个孩子才出生。这样做的好处是，他们花了更多的时间来探索和寻找合适的匹配对象，这让20多岁和30多岁的他们可以专心投入职业生涯。缺点是，一旦他们决定要在将近40岁的时候生孩子，对于他们来说很难怀孕，当然他们也会是年长的父母。

当然，在伴侣关系和孩子方面还有很多其他的情况。这在一定程度上取决于简（以及若热）在寻找什么样的伴侣。简是在寻找一个能够实现养家糊口的传统角色的伴侣，让她自由地抚养孩子吗？如果她想要这样的配对，她能找到一个有同样想法的男人吗？或者，也许简更喜欢和想要那种双份工作的配对。简甚至可以决定不去找一个伴侣，而是独自抚养一个孩子，由她的父母、祖父母甚至可能是曾祖父母抚养。在她人生的多个阶段，简可以集中精力在早期阶段抚养孩子，然后有事业，然后在60多岁的时候考虑婚姻和陪伴。这些都是杰克和他的妻子从未真正面对过的问题。但是，这些决定以及对他们所面临的选择的后果对于像简这样的年轻人是非常敏感的。

几十年来，心理学家斯图尔特·弗里德曼一直在对宾夕法尼亚大学沃顿商学院的本科生进行调查研究，以了解他们对伴侣的愿望。这是一个由年轻人组成的精英群体，因此从他们那里获得全球视野是一种莽撞的想法。然而，他在1992—2012年的20年间所观察到的变化意义深远。

与20年前相比，越来越少的年轻男女说他们打算生孩子，许多人把活力和朋友作为人生的重要组成部分，和长期的伴侣关系以及为人父母一样重要。在1992年的一项调查中，弗里德曼发现，78%的学生表示他们打算生孩子；到2012年，这一比例降至42%。这些学生在22岁时想要的能作为他们真实行为的预测吗？只有时间能给出答案。但有趣的是，他们的意图与之前的群体截然不同。

这一群体的另一个有趣之处是他们对未来伴侣关系安排的意图。大约1/3的女性希望找到一个伴侣，并成为那种传统的各司其职的角色，她们都是孩子的主要角色；大约1/3的女性想要双重职业；大约1/3的女性想要一个没有孩子的伴侣关系。正如弗里德曼指出的那样，对于他的许多学生来说，"他们不再是对母亲的渴望，也不再是盲目地进入一个预先确定的未来；他们也不是戴着有色眼镜来看待问题"。[12]

这些影响对男性和女性都是深远的，而且指向了持续变化中的性别角色。弗里德曼认为，性别角色的转变源自双方。他指出，许多受过教育的年轻人都有一个职业母亲作为女性榜样，并认为父亲具有积极的社会影响。因此，他们似乎更倾向于一个双收入家庭，并且愿意走出传统的养家糊口的角色，期望花更多时间与他们的孩子在一起，并且比他们自己的父亲更多地投入其中。[13] 如果婚姻要适应百年生活的挑战，所有这些变化都是必需的。

尽管人们可以生育的年龄在所有可能性中都是不灵活的，但在多阶段的生活和不断发展的社会机构中，可能会产生比目前更广泛的选择。有这样一种可能，很多人在以后的生活中会建立一个小的家庭。这在一定程度上来说是一个经济决策：背负学生债务，需要更多的储蓄，许多人可能会对承担更多的孩子的经济负担持谨慎态度。一些女性会尝试推迟做母亲，这样她们就可以在决定抚养家庭之前先探索和发现各种可能的选择。从经济学的角度来看，这是有道理的。因为研究表明，推迟做母亲的女性会增加她们的终生收入，而大学毕业生的收入是最高的。[14]

还有很多其他的选择和更大的可变性。一个拥有祖父母支持且能独立养活自己的女性可能会选择做一个单身母亲，或者通过和伴侣的合作让她专注自己的事业，而她的伴侣专注抚养孩子；或者她抚养孩子，她的伴侣专注追求自己的事业，然后当孩子们离家之后，在伴侣的经济支持下，开始新的职业生涯。父亲们的选择也会更广泛，他们可以决定全职工作，做全职爸爸或者在一段时间内协商不同的角色。

工作和家庭

工作是家庭与个人生活之间的一个重要组成部分，特别是女性工作的范围。20世纪，女性在工作场所的角色发生了重大变化。哈佛大学经济学家克劳迪娅·戈尔丁对此提供了一个精彩的总结。她表明，男人和女人在以下方面的差异正在逐渐变小：对工作的投入度和时间，不管是在家里或者在工作场所，工作性质和部门工作的类型，以及工资上的差异。[15]

◎ 女性和工作

然而，尽管差异已经缩小，仍然存在巨大的差距和阻碍女性发展的障碍。这一背景很重要，因为如果这些差异仍然存在，那么在百岁人生中，女性面临的选择与男性面临的选择将不同。因此，我们可以想象到的是，男性和女性可能的生活将不同。因此，我们必须为两性阐明不同的情况。当然，如果未来几十年这些差异有可能缩小，那么男性和女性的处境将更加相似。这些问题本身就很重要，但也会影响到家庭和伙伴关系的发展。不同的工作环境和不同的职业选择将导致不同的家庭伙伴关系。毫无疑问，在未来情况不明朗的时候，谁最初要扮演何种角色的谈判就会出现。

那么，现在的情况如何呢？我们知道在过去的几十年里，在经合组织中，工作妇女的数量一直在增加。1980年，25~54岁之间的女性在就业或寻求就业的平均比例为54%；到2010年，这一比例已升至71%。尤其让人值得注意的是那些有小孩儿的母亲。例如，在1970年的美国，70%有5岁以下儿童的母亲都是在收入群体之外——他们大概就是杰克和吉尔的特殊婚姻模式下追求做全职家庭主妇的人。到了2007年，这一比例已经降到36%。[16] 尽管如此，女性依然不成比例地从事着兼职工作（在经合组织中，80%的工作都是由女性兼职完成的），这是因为她们更大程度地参与了维护家庭和养育孩子的工作。所有这些对女性工作模式的改变，都促成了婚姻的深刻转变，以及家庭的运作方式。

虽然在大多数国家，工作妇女的比例有所增加，但在各国之间步调并不统一，而且存在实质性的差异。如图9.1所示，日本、意大利和韩国的男性和女性之间的差距最大，而挪威和瑞典的差距最小。在你所居住的国家里，人们对传统标准的速度变化的猜想是有趣的。比如，在写这段话的时候，日本政府就采取了许多计划让女性加入工作群体中来。随着时间的推移，我们可以期待国家之间的差距会更小。在这一差距依然存在的国家，女性在如何构建百年生活的问题上仍将选择较少，而她们和伴侣的关系更有可能采用传统的形式。

这些差异的起源是复杂的。有些反映社会和文化的因素会随着时间的推移而改变。一些人反映出在家庭福利、税收补贴和对儿童保育的支持方面存在显著的政策差异。另一些则反映的是更为直接的经济现实。当一个家庭中的合作伴侣计划共同生活的时候，我们的猜测是他们的计划基于两个关键问题：谁来做家务，谁最有可能得到最多的报酬？当然，他们面临的挑战是，他们必须做出重要的短期资源分配决策，而并不真正知道这些问题的答案是否会随着时间的推移而改变。

关于第一个问题，我们知道在许多国家，大部分家庭和养育子女的责任都是由女性完成的。2013年的一项对美国家庭的调查发现，即使父母双方都在工作，女性也会在育儿和家庭活动上花更多的时间。[17]这可能是基于美国的数据，但在世界上大多数国家都是如此。即使在双收入家庭中，男性在工作上花的时间更多，女性在家里花的时间更多。[18]研究表明，男性每周都要多花11个小时在有偿工作上，也比女性多4.5个小时的休闲时间，而女性则更多地照顾孩子和做家务。

展望未来，如果国内劳动力在男性和女性之间变得更加平等，这对他们的职业生涯意味着什么，尤其是如果他们都在从事高技能、高强度的职业？毫无疑问，如果双方都平等地参与到家庭中，这将给传统角色带来压力。在漫长的一生中，因此导致冲突和重新谈判似乎是不可避免的。这就是为什么在吉米的三个半阶段人生中，我们强调了他和他的伴侣如何积极地重新协商他们的家庭角色，这样她就有机会更新技能和开始全职工作。在五阶段人生中，简需要和她的丈夫进行更多的协商，以便家庭工作量更平均地分步，尽管并不是在每个阶段都必须如此。当然，在多个阶段，每个伴侣都可以在承担更多家庭职

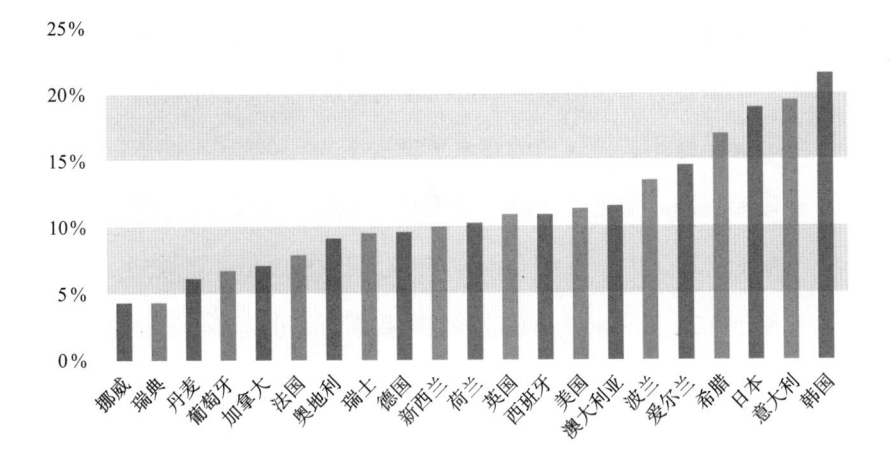

图9.1 2014年男性与女性参与率之间的差距
来源：经济合作与发展组织数据

责的角色中切换。

这就剩下第二个问题了。在一个由男人和女人组成的传统伴侣关系中，谁最有可能赚得最多？这是一个很难预测的趋势。我们知道，在经合组织成员国中，男女之间的参与率在不断缩小，而对于一些国家来说，这种差距正在接近消失。事实上，在许多职业中，年轻女性在进入工作岗位时所占的比例超过了50%。在一些职业中，比如医学和教育，这一比例超过了50%，而在工程、IT（信息技术）和投资银行等其他行业，这一比例显著下降。因此，对于这群年轻女性（她们和简年龄相仿），这种性别平衡将在她们的工作生涯中持续下去，因此她们将在家中成为同样养家糊口的人。

尽管女性劳动参与率正在赶超男性,与男性的教育和工作差异在缩小,但她们的薪水更低。图 9.2 显示了美国不同年龄段和不同时期男女之间的工资差距。我们可以看到:在 25~69 岁的全职工中,男女(平均)年收入比在 1980 年是 0.56,2010 年是 0.72,2014 年是 0.77,差距在逐渐缩小。坏消息是这个差

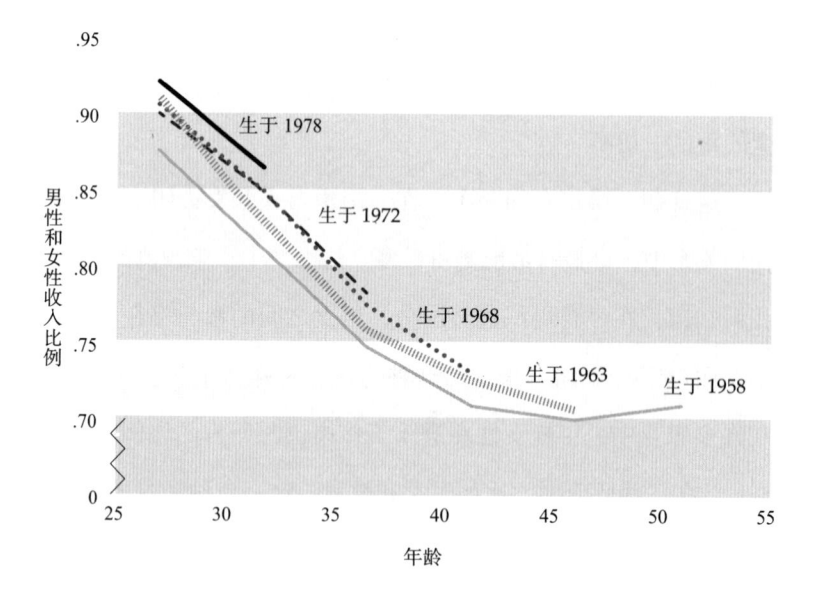

图 9.2 不同性别收入差异
来源:克劳迪娅·戈尔丁,《如何实现两性平等》,米尔肯研究所评论

异仍然较大，而且随着职业生涯的展开，差异还将扩大，女性高管比例小在某种程度上反映了这一点。2014 年，许多大公司约 30% 的中层管理者由女性担任，而担任高层管理者的女性比例明显减少，在 15% 左右。[19]

随着年轻一代的女性比过去进步更大，情况在发生变化。但是，差距仍然明显。在对芝加哥 MBA 毕业生的研究中，男性毕业生的平均年薪比女生多 1.7 万美元。[20] 然而，10 年后这个数字已经增长到超过 15 万美元。研究报告显示，大部分的差距可能与工作时间的差异，进入商学院前的职业中断和就业路径有关。

如果这些都是不同性别收入差异的原因，这是否可以解释戈尔丁所说的"在过去几十年里，特别是 20 世纪 80 年代，男女收入比大幅提高，但近十年收入比几乎没变动"？[21] 女性薪资水平还能赶上男性吗？展望未来，待解决的问题是如何缩小工资差距。现在从事第一份工作，简的性别会被平等对待。后面会继续平等吗？简会不会和 2014 年的女性一样都觉得很难成为一名高管？国际劳工组织（ILO）在 2015 年年初发表的报告《妇女和未来的工作》(Women and the Future of Work)，预测如果考虑到当前变化率，那么至少需要 70 年才能实现男女工资平等。[22] 那就是 2085 年，那时候简 87 岁，已步入耄耋之年，这是一件多么令人沮丧的事。

◎ 工作弹性

戈尔丁深入剖析了女性的收入比男性低的原因，她认为男女工资差距很大程度上是由于长期以来男女从事的不同职业所附加的价值。这里似乎涉及五个关键的维度：一是时间压力，指工作中遭遇严格时间规定；二是工作的结构化程度，更高的结构化程度意味着更少的自主性；三是工作灵活度，越灵活日程安排越自由；四是保持联络，指工作中必须与团队其他成员经常保持联系的要求；五是取代性，是否只有某些人有能力完成任务，别人很难执行。这些都是高薪工作的标志，弹性非常小，目前男性比女性更为合适，尤其相比于有孩子的女性。

例如，与法律相关的职业通常处于这五个维度的极端，从业者时间压力非常大，缺乏自主性，日程安排不灵活，需要经常与团队其他成员联系，可替代性小。

假设简决定从事法律职业。参加最初的法律培训后，如果她有孩子了，或许会想让工作更灵活。当客户需要简时，如果不能及时处理，她很快会发现自己对于公司的价值开始下降。因为不经常在办公室和同事交流，也不经常在开会等场合和客户互动，简也可能会发现自己的无形资产，例如隐性知识，开始被侵蚀。如果简缺席，她会被排除在谈话内容之外。正如戈尔丁所言，那些喜欢工作时间更少、更灵活工作的人如果从事知识密集型的职业（例如法律、咨询、投行等），会备受折磨。

在这一点上，站出来审视戈尔丁的观点和国际劳工组织的预测，是有用的。目前，由于女性需要照顾小孩儿和老人，她们大多选择灵活度高的工作。女性在劳动力市场上处于不利地位，因为她们经常会中断自己的职业生涯。但展望未来，男性也会做出这些选择吗？如果是这样，那将对他们产生什么影响？

年轻律师简和她的男同事面临怎样的职场选择和取舍？选择不胜枚举，每一个都需要简权衡利弊。如果她想成为一家法律公司的合伙人，她的工作高度结构化，没有什么灵活性，要7天24小时待命，时间压力很大，内容不可预知，自己不能决定工作的地点与时间。简选择了生育而离开工作岗位，职业发展会受到重大影响。当然，她会得到一笔高额补贴，也很可能还有一份有趣而有意义的工作。

正如其他的行业，法律有各种各样的职业路径。简可以权衡做出以下决策：第一，离开一家大型法律公司，尽管持续工作很长时间会有加班费，成为公司一名总法律顾问，她的工作更灵活，花费时间更短。第二，从一家大公司跳进小公司，付出的代价也相对较小。我们可以想象，随着虚拟技术的完善和人们接受度的提升，简将能够加入一家虚拟法律公司，在家里办公。[23]她面临的取舍显而易见：由于灵活性和自主性的提高，薪酬将下降，工作或许将少些丰富与激动。

第三，走另一条职业通道，具备更大的时间弹性，更少的客户和联系，更大的自主性和独立性。这些都是戈尔丁所谓的弹性，她的分析表明：在科技工作中更可能找到这些条件。科技工作者的性别工资差距很小，而且不随时间扩大。当然，有趣的是，这些都不是女性所热衷的职业。比如：药学工作者。据戈尔丁的分析显示，目前这是一种高取代度的职业，所以一位药剂师离开，另一位可以轻松取代。当然，他们的工资水平明显低于律师、咨询师或投资银行家。如果这种替代发生在法律关系中，那么合作伙伴必须向客户说明这种替代性，律师必须紧密合作来证明这种替代性，因此律师可能要付出更多。

戈尔丁的数据发表于2014年。展望未来，有关灵活性和利弊权衡，我们是否可以期待在简身上发生大的变化？这取决于一系列因素，包括对世界各地灵活工作的态度、采用虚拟技术的速度、工作规范化的程度、高管花时间陪孩子的多少等。

这对男性意味着什么？现在我们知道，当人们选择更灵活的工作时，收入会相应减少，这不仅发生在女性身上。男性往往是在当父亲之后工作时间更长，挣得更多。然而，研究表明，如果男性因为家庭原因减少工作时长，他们的收入会减少，未来职业发展受限，工作弹性变小。[24]

◎ 转换的影响

让我们以另一种方式回顾一下。在五阶段人生中，我们假设简有段时间和若热都在做全职工作，但有时也会抽时间陪孩子、构建知识体系或准备转型。我们期望他们在工作生活中的某个或多个阶段会经历职业中断和灵活就业，涉及高附加值的工作、家庭责任和再创造，让他们交换角色。现在让我们想象一下，数百万人有与此相似的工作生活。男女之间的职业转换有什么影响？目前，工作弹性让男性和女性都为之头疼。如果男女职业中断变得更普遍，情况还是现在这样吗？结果会不会是工作灵活度对我们的影响在减少？这里有个事实，更多的人会把职业中断视为多阶段生活的一部分，这样可能会带来更多的收入平等。同样的论点可能也适用于弹性工作制。由于多阶段生活的存在，如果更多人追求灵活的工作模式，会发生什么呢？这里有两种可能。首先，男性将体验灵活的工作模式，工资减少，结果是男女都为之郁闷，薪酬更平等。此外，更激进地来说，工作将被重新设计，弹性工作的企业或个人花费成本不同。换句话说，如果人们都更喜欢灵活的工作方式，那么工作性质很可能会从根本上被重新设计。

转换的情况又是怎样的？在合作的某个阶段，A 追求事业，7 天 24 小时待命，B 灵活工作，帮助抚养家庭；在另一阶段，他们的角色转换。显然，这样复杂的联合多级生活需要很多协调，夫妻间的信任与合作，也需要雇主改变他们如何看待工作、年龄和性别的方式。然而，尽管复杂，这将有助于男女终身收入的汇聚。也许从某个时间点来看，A 的收入低于 B 的收入，但从整个生命周期来看，他们做出了相同的贡献。尽管这或许是个乐观的解决方案，它的确充分利用了百岁人生可能的相互作用、人生各阶段和性别平等的影响。

◎ 离婚

有个场景是假设简会和若热白头偕老。实际上，我们还假设杰克、吉米和他们的妻子携手走过了一生一世。中年离婚时构建无形资产流是复杂的，我们不想让事情更复杂。当然，前面的假设是不现实的。

对于一些人来说，婚姻是一项非常成功且持久的制度。实际上，目前的数据表明，65 岁以上的人比以往任何时候更可能结婚，16~65 岁也一样。这反映了男女预期寿命的延长，婚姻上男女年龄差降低，离婚增多后再婚率在提高，导致对再婚的社会歧视减少。

这是真的，当杰克和吉尔结婚时，他们可能有点儿害怕他们以离婚收场。在 20 世纪 50 年代的美国，只有 12% 的白人女大学生遭遇离婚。到 20 世纪 60 年代，这个数字增至约 24%。当吉米长大时，他会把离婚更多地视为一种社会规范。事实上，在 20 世纪的多数时候，美国的离婚率在上升。20 世纪 70 年代，48% 的婚姻在 25 年之内以离婚告终，因此"半数婚姻是以离婚收场"这种说法很流行。早在 1981 年，美国社会学家安德鲁·切尔林（Andrew Cherlin）指出新的典型生活是"结婚，离婚，再婚"。[25] 他认为婚姻破裂的现象还将继续。

然而，事实证明，切尔林所观察到的不是连续增长，而是峰值。如图 9.3，对于那些 1970—1979 年结婚的人来说，美国离婚率处于峰值，原因之一是当时处于社会转型时期。按照传统结婚模式，许多人找到了合适的伴侣，有明确的男性和女性分工角色，后来才发现彼此没有享受到他们想要的生活。此外，案件积压之时，引入"无过失"离婚使得婚姻更容易破碎，出现了一个高峰。在 1979 年以后结婚，离婚率下降。

2014 年，结婚年龄推后，离婚和再婚不再常见。事实上，美国那些近几年结婚的人比他们的父母一代更愿意待在一起。可能是因为婚姻的基础从生产转变到消费互补，人们在不同的标准上选择，婚姻更持久。此外，因为人们更清楚地认识到了创造稳定婚姻的基础，他们的结婚时间变晚，因此离婚变少。

百岁人生对离婚率有什么影响？增加或减少，皆有可能。

显然，如果寿命延长导致离婚率上升，只是因为生命持续

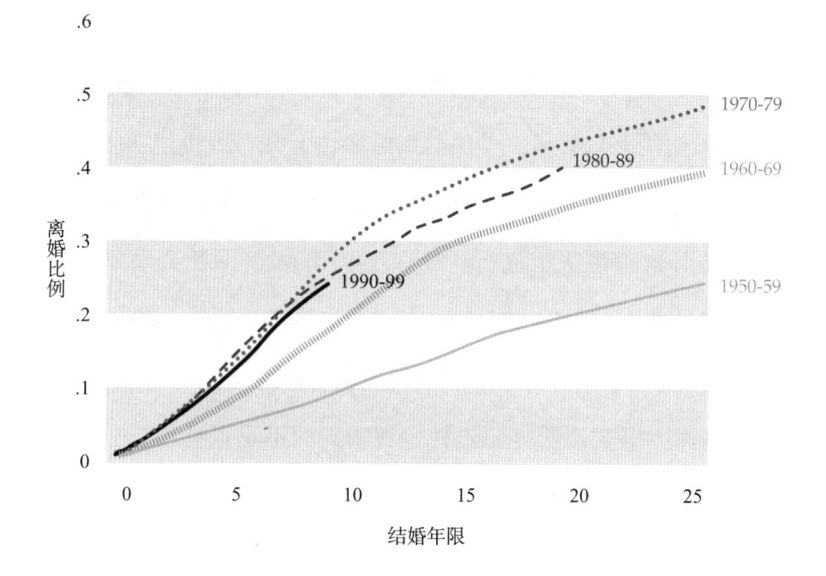

图 9.3 美国几十年间的离婚率
来源：贝琪·史蒂文森、贾斯汀·沃尔夫斯，《婚姻与离婚：改变及其动力》，《经济展望期刊》，2007 年春季卷（总第 21 卷第 2 期），第 27—52 页

的时间变长，更多的事情会发生，人们会经历更多的过渡和改变。因此，活 100 多岁的离婚可能性高于 70 多岁，这是有可能的。我们也可以认为，人们更清楚地看到自己生命的长度，他们准备离婚和再婚的时间更晚。当你 70 岁婚姻不快，预期活到 100 岁和 75 岁是非常不同的，这可以从离婚数据上明显看到。虽然总体离婚率确实在下降，却有越来越多的老人离婚。例如，

美国有10%的离婚事件涉及60岁以上的人。与1990年相比，60岁以上的美国离婚率增加了两倍，英国则增加了三倍。人们都意识到寿命延长让我们有更多的时间从离婚中恢复，有更多的时间来重建财务资产和无形资产。

然而，我们还可以从其他趋势推测离婚率可能在下降。在我们假设的一些场景中，离婚的代价变得非常高，比如五阶段人生中的简和若热，他们之间的协调对长期以来保持稳定的婚姻关系非常重要。当然，辛苦地经营这段关系也有风险，因为这对他们公平的交涉能力、彼此承诺和相互信任都是有压力的。分手的成本也高，即使财务资产是公平共享，各自的无形资产大多是不平等的。因此，在关系破裂时刻，人们需要对他们的生活计划做重大修改。所以，在五阶段人生的情况下，离婚的成本会增加。

总的来说，这种推理表明，长期以来存在一种更大的可能性：人们会分手再离婚，结识不止一位伴侣。离婚的财务问题始终是重要的，百岁人生更是如此。确切的影响不仅取决于伴侣，也在于国家的法律制度。离婚后当然会有双方资产变化的问题。在传统的婚姻里，男人是家庭的经济支柱，结婚乃至离婚后的一段时期内养家。在双职工家庭里，情况更复杂，百岁人生更甚。这引发了许多问题，在未来几十年里，我们不得不需要考虑。例如，如果简挣钱养家而若热掌握财政大权，下一个阶段他们角色互换，如果简和若热在阶段过渡时期离婚会发生什么？简是否必须工作去帮助低收入的若热？他们离婚之后应该平等分割财产吗？他们应该遵守不同阶段做出的相互经济扶持的承诺吗？

多代同堂的生活

当我们在考虑如何随寿命延长而过好个人生活的时候，很显然这将对几代人的生活方式产生深远影响。多阶段的生活和传统习惯有助于形成年龄隔离的西方模式：青少年读书，老年退休休闲，而其余时候在工作。多阶段的生活不是按照年龄划分，更成熟的人也可以变得年轻，变化在于内心。

◎ **家庭关系**

当我们访问亚洲，尤其是印度，那些很少在西方看到的事物给我们留下了深刻的印象：小孩儿、父母和祖父母生活在一起。当我们和几代同堂家庭的朋友们聊起来，他们认为这种生活方式有很多好处。孩子们有机会与他们的祖父母生活，父母工作的时候有更大的动力，老人觉得他们做出了积极的贡献。事实上，越来越多的研究表明，多代关系可以促进长寿。老来孤独是可怕的，让老人融入我们的家庭当中是有益的。[26] 当然，我们的亚洲东道主也提到了这样做的缺点：缺乏隐私和代际关系有可能产生摩擦。

受亚洲影响，西方国家跨代相互作用四五十年前成为规范，现在已经减弱了不少，取而代之的是较小的家庭单位。孩子们与父母待的时间更长，特别是在高生活成本的城市，但是当他们离开父母，可能会建立一个较小的家庭单位。在一些国家，譬如丹麦，家庭规模越来越小。2013 年，家庭平均人数为 2.1 人，不可能包括一位老人。这种年龄隔离一直是重大的社会转变。例如，在 1910—1980 年的美国，65 岁以上的独居或同居人群比例从 20% 上升到 74%，与子女同住的比例从 61% 下降到 16%。[27] 所以尽管老人经常和孩子、孙子们交流，异龄频繁互动的时代已经过去了。这种趋势是否会出现反转，西方家庭单位看起来会更像亚洲家庭？

让我们回到简和若热的故事。他们出生于 1998 年，在 35 岁的时候，也就是 2033 年，很可能他们的双亲（出生于 1973 年前后）都还在世，他们的祖父母（出生于 1948 年前后）也可能还在世。所以，在他们的孩子年少之时，可能有曾祖父母、祖父母和父母。由于出生率从 20 世纪 50 年代开始下降，简和若热可能没有兄弟姐妹，他们双方的父母也可能来自小型家庭。此外，在五阶段人生里，如果简和若热离婚，他们的家庭就会不同了，小孩儿会有继父母和继祖父母，家庭结构更趋复杂。

这些数代同堂的家庭成员都会做什么呢？简和若热的父母都是60岁出头，所以他们可能做全职工作或从事一系列投资组合活动。简在十几岁的时候，她的父母离婚了，后来都各自再婚，所以她的孩子有两对祖父母。简和若热的祖父母都80多岁，所以他们有可能退休了，在安享晚年。祖父母也有可能在做着和简的孩子相似的活动，比如上老年大学、周游世界、学习新技能。这种返老还童的方式可以为几代人交流建立坚固的桥梁。如果这些大家庭的祖父母和曾祖父母可以享受更长、更健康的生活，那么家庭的总体幸福感将大幅提升。

通过一些角色模型做指导，以实验为例，我们可以谈论一些复杂的多代关系。随着家庭成员寿命延长，祖辈焕发青春，代际关系的试验将更为明显。正如英国社会学家吉登斯观察到的，他们都需要想办法做到最好，构建自己新的道德生活，尤其是在联系密切的大家庭承担的义务。在过去，传统决定义务。例如，是否借钱给家人或如何当一位父亲。展望未来，人们必须通过一系列问题工作：如何抚养四代人？作为继父母，他们对子女有什么财务义务？或反之亦然？

毫无疑问，数代同堂的家庭可以给大家提供了解彼此的好机会。如前所述，年龄隔离是工业化的影响之一。由于国家适龄入学的制度，把他们排除在工作场合之外，给老年人发放养老金，他们的生活隔离趋于正常化。[28] 随着年龄逐步制度化隔离，空间隔离也形成了。不同年龄段的人不再占据相同的空间，因此也没有面对面的交流。有三个空间对跨年龄互动有潜在的重要性：家庭、邻里和日常活动的场所（例如工作、学习、娱乐、祭拜）。虽然邻里的组成有时是有意按年龄安排，但往往是无意产生的。年龄是可以划分成不同阶段的，因为许多日常活动围绕着年龄而形成，例如青年交响乐团、老年人活动和高级旅游团，而且不同的文化扎根于各年龄组。年龄隔离限制了人们形成稳定的跨年龄关系。不同年龄的人相互交流，熟悉彼此，分享知识的愿景难以实现。也许多代家庭可以弥补这一点。

当彼此的关系跨越年龄限制，成见和偏见就越少。持续的熟悉感似乎很重要，这意味着随着时间的推移，关系就越稳定持久。多代家庭也许会像亚洲部分地区一样生活在一起；年龄隔离被打破后，他们也许会更多地了解彼此和相互支持。很清楚的是，这种共享精神会对年轻和年老的一代人产生令人难以置信的积极影响。

◎ 朋友

随着寿命延长，核心家庭可能变得越来越不集中。从历史上看，生育和抚养孩子是人一生中的核心，漫漫一生看起来没有任何进化优势。然而，随着生活的继续，抚养孩子已不再是曾经的全部消费活动，一段友谊或许会出现。朋友与我们共享家庭支出，他们甚至可能成为核心家庭新的组件。

沃顿商学院MBA学生斯图尔特·弗里德曼（Stewart Friedman）在他20年的研究中，从他20多岁的学生身上看到了这种趋势。在最近的研究中，他发现学生们非常强调友谊作为主要的关系纽带，并希望建立一种能够支持家庭按传统方式培育的关系。

正如多代家庭可以允许跨年龄的联系存在，也许跨年龄的友谊也会对当前社会新老隔离产生积极影响。[29] 在非工业化社会，年龄不是个人的重要标记。在三阶段人生中，年龄已经成为人生经历的分割线。贡希尔德·霍格斯塔德和彼得·乌伦贝格描述了美国和荷兰的数据资料，表明当朋友网形成，大多数人倾向于选择与同龄人交往。例如，底特律男人的非亲属网研究表明，72%的亲密朋友和他们的年龄相差不超过8岁。[30] 只有3%的年轻人在53岁以上结识非亲属朋友，约25%的老年人会接触36岁以下的非亲属朋友。

当相同年龄的社交网相互接触时，他们倾向于加强群体认同感，对生活持有相同看法，并把彼此介绍给同龄人。作者认为年龄隔离与老年人歧视紧密联系，因为它鲜明地区分了"我们"和"他们"，并导致陈规和偏见。当三阶段变成多阶段，不同年龄段的人就有机会拥有类似的经历。正如戈登·奥尔波特（Gordon Allport）在他的经典著作中写道，反对陈规和偏见的一个武器是组群联系。[31] 也许在这一切发生的时候，网络时代的年龄同质性将开始瓦解，因为不同年龄段的人一起分享经验，由此建立友谊。也许老年人将不再是一个"独立的国家"。[32]

第9章注释

1. Becker, G., *Treatise on the Family* (Harvard University Press, 1981).
2. Friedman, S., *Baby Bust: New Choices for Men and Women in Work and Family* (Wharton Press, 2013), 33.
3. Stevenson, B. and Wolfers, J., "Marriage and Divorce: Changes and Their Driving Forces", NBER Working Paper 12944 (2007).
4. Giddens, *Modernity and Self-Identity* (Stanford University Press, 1991).
5. Hite, S., *Women and Love* (Viking, 1988).
6. Stevenson and Wolfers, "Marriage and Divorce".
7. Giddens, *Modernity and Self-Identity*, 93.
8. Wolf, A., *The XX Factor* (Profile Books, 2013).
9. Groysberg, B. and Abrahams, R., "Manage Your Work, Manage Your Life", *Harvard Business Review* (March 2014).
10. Friedman, *Baby Bust*.
11. Giddens, A., *The Transformation of Intimacy: Sexuality, Love and Eroticism in Modern Societies* (Stanford University Press, 1992). 中文版参考（英）安东尼·吉登斯《亲密关系的变革：现代社会中的性、爱和爱欲》，社会科学文献出版社2001年版。
12. Friedman, *Baby Bust*.
13. Friedman, *Baby Bust*, 33.
14. Buckles, K., "Understanding the Returns to Delayed Childbearing for Working Women", *American Economic Review* 98 (2) (2008): 403–7.
15. Goldin, "A Grand Gender Convergence: Its Last Chapter", *The American Economic Review* 104(4), 1–30.
16. Isen, A. and Stevenson, B., "Women's Education and Family Behaviour: Trends in Marriage, Divorce and Fertility", NBER Working Paper 15725 (2010), http://www.nber.org/papers/w15725.
17. *Modern Parenthood*, study by the Pew Center (2013). 双收入夫妻：男人每周多做11个小时的有偿工作，有4.5小时以上的休闲时间，女人更多照料孩子和收拾家务。
18. *Modern Parenthood* (Pew Center).

19. 金赛的研究项目探讨了性别多样性，例如 "Gender diversity in top management: Moving corporate culture, moving boundaries" (McKinsey, 2013); "Unlocking the full potential of women in the U.S. economy" (McKinsey, 2012); *Women Matter. Gender diversity at the top of corporations: Making it happen* (McKinsey, 2010).
20. Bertrand, M., Goldin, C. and Katz, L., "Dynamics of the Gender Gap for Young Professionals in the Financial and Corporate Sectors", *American Economic Journal: Applied Economics* 2 (2010): 228–55.
21. Goldin, "A Grand Gender Convergence: Its Last Chapter".
22. "Women and the Future of Work", ILO (International Labour Organization) (2015).
23. 例如，美国的 Clearspire 律师事务所和英国的 Obelisk 律师事务所已开始发展在线平台，帮助家庭律师以一种更灵活的方式提升技能。
24. Coltrance, S., Miller, E., DeHaan, T. and Stewart, L., "Fathers and the Flexibility Stigma", *Journal of Social Issues* 69 (2) (2013): 279–302.
25. Cherlin, A., *Marriage, Divorce, Remarriage* (Harvard University Press, 1981).
26. Buettner, P., The *Blue Zones: lessons for living longer from the people who have lived the longest* (National Geographic, 2008).
27. Ruggles, S., "The Transformation of American Family Structure", *American Historical Review* 99 (1994): 103–28.
28. Kohli, M., "The World We Forgot: An Historical Review of the Life Course", in Marshall, V. W. (ed.), *Later Life* (Sage Publications, 1986), 271–303.
29. Hagestad, G. and Uhlenberg, P., "The Social Separation of Old and Young: The Root of Ageism", *Journal of Social Issues* 61 (2) (2005): 343–60.
30. Fischer, C. S., *Networks and Places: Social Processes in Informal Places* (Stanford University Press, 1977).
31. Allport, G. W., *The Nature of Prejudice* (Addison-Wesley, 1954).
32. Smith, P., *Old Age is Another Country* (Crossing Press, 1995).

PRACTICE

第 10 章

实践篇

期待变革

AGENDA FOR CHANGE

本书讲述了世界上许多人活到 100 岁时会发生的事情。最紧迫的一点是怎么解决财务问题，但是当我们关注无形资产的时候，才会得到真正的洞见。从经济学和心理学角度来看，我们已经提出，长寿人生需要对生活进行根本的重新设计，并且重新调整时间结构。只有这样，长寿才是礼物，而不是诅咒。

当我们观察可能的生活、情景和阶段时，我们很清楚，即使已经在进行变革，仍有许多事情需要被完成，而且它们也分布于不同层次上。其中一些变革与我们自己和我们的家庭有关；一些与我们工作的公司和他们提供的职业环境有关；一些与教育机构，以及它们怎样满足我们不断变化的需求有关；还有一些变革与政府与政策有关，它们会影响到我们对生活方式的抉择。这些都是大的变化，在支持那些十分幸运、人生漫长而富有成果的人时十分重要，对于并没有这种福分的人而言也十分重要。

至关重要的是，我们需要在今天预想到这些变化，而不是在日后突然跟它们撞个满怀。如果没有积极的计划和行动，长寿有可能成为一种诅咒。所以说，我们应该进行更为广泛的讨论，这十分重要。这样一来，人们可以更加明确地了解到他们的处境，更充分地考虑他们的选项和选择。

当在此做出总结时，我们发现，长寿对我们的自我认知产生的根本影响令我们震惊：它对更广泛社会的意义让我们关切；教育机构、公司和政府的反应引发了我们的兴趣；为何变革如此缓慢，我们又该如何推进行动？这也让我们感到迷惑。预期寿命的提升有一个巨大的优点，那就是它来得很慢，我们早早地就可以预测到它的到来。我们需要抓住这个优势，确保我们做好相应的准备。

自我认知

当考虑百岁人生的意义时，我们很显然会意识到有很多事情可以实现。在为吉米和简制定的情景中，我们将他们的生活分成了各自的组成阶段和转型阶段。然而从根本上说，漫长的人生是一趟完整的旅程。当然，这是定义了你生命的一趟单程旅途，你面对的关键问题是"这趟旅程的形式如何？"以及"它怎么样才会确确实实成为你的旅程？"答案部分程度上取决于你所做的选择和你所秉持的价值观。这些东西会定义并塑造事件、人生阶段和转型的顺序，它们组合在一起，便会成为你积累起来的自我认知感——也就是你的身份。

◎ 身份

道德哲学家德里克·帕菲特（Derek Parft）用心理连通性和连续性来定义身份——他的用词是"关系 R"（Relation R）。[1] 你遭遇到了长寿的潮流，它是一条由身份组成的细线，将过去、现在和未来连接起来，并且定义了你的自我认知。在三阶段人生中，这种连通性相对容易受到管理；在多阶段的生活中，这将对你提出更大挑战。

在人类历史的大部分时间里，人类的生命都十分短暂，面对食物短缺、疾病和持续的暴力威胁，时刻进行着一场生存之战。随着生命延长，财富增加，生活在发达经济体中的人们也越来越多，所以情况便出现了变化，大多数孩子都能保持安全，接受教育。工作为人们提供了一定的经济保障，他们可以享受退休生活，体验一些休闲活动。随着生活的进一步延伸，人们将被迫摆脱僵化的三阶段人生，面对更多的生活方式选项。生物有一种繁衍后代的进化需求，而对于人类而言，一百年的岁月大大超过了满足这种要求所需的时间，百岁人生也使得人们考虑财政安全的时间延长了。如果不能繁衍后代，积累财富，那这些额外年份的目的又是什么？这些额外的岁月可能会分散在整段人生中，这会给你带来时间和机会，让你探索自己，并且走向一种更接近你个人价值观和希望的生活方式，而不是按照你出生时所在社会的传统行事。如果是这样的话，那么这也许是长寿可以赐予我们的最大礼物。

在百岁人生中实现这种身份感，获得完整的人生阶段，都不是容易的事情。有人认为对于大多数人来说，这种高度自省感是他们无法获得的。社会学家玛格丽特·阿彻（Margaret Archer）就认为，只有少数人能够达到所需要的高度自治和自省。她认为，大多数人都会顺其自然地生活着。因此，大多数人都无法塑造自己的生活。[2]我们却不这样看，我们认为新的榜样会出现过剩，旧有的因循守旧做派会消失，这会创造出新的社会常态，会逼迫人们自己做出决定。采取这些行动之后，人们会发展出更深刻的自我认知和更强的自省能力。这一力量已经通过这种方式深刻地改变了社会，它将因为百岁人生所创造的巨大转变而大大增强。

很多事情已经改变了。对于过去的几代人来说，传统将在很大程度上决定他们对以下问题的回答："我应该如何表现？"、"我该穿什么？"和"我想要什么？"人们按照父母的表现来表现，或许也会按照他们的社会阶层或职业规则来行事。他们穿的衣服符合社会规范，他们想要获得的东西跟父母一样。

我们可以考虑一下现在可供你获取的心理和社会信息流。你或许生活在一个全球化世界里，你的人脉真真切切地遍布世界各地，不可避免地会面对既流行于周围又风靡世界的理念。在过去，你的父母和祖父母们依靠传统和仪式来了解他们是谁，能成为什么样的人，而现在，在你面前有一大堆过剩的榜样，他们取代了过去这些传统。全球媒体使我们大多数人成为其他地区各种事件的观众，并使我们能够接触到实际上离我们十万八千里的榜样。结果则是这样的：当你想到你是谁，你能成为什么时，你可以看到许多种可能性。

在本书中，我们已经思考过这些问题，并描述了后果，但我们最终只能以个人身份来回答这两个问题："我是谁？""我将如何生活？"在漫长的一生中，我们无法忽视这些问题。

◎ **计划和实验**

要想创造成果丰硕的百岁人生，中心内容是计划和实验。计划和准备工作至关重要，它们可以确保长寿人生的不稳定因素不会破坏财务状况和无形资产。实验是必需的，通过实验，人们能思考并检验可能存在的自我。这些计划和实验加在一起，为人们提供了目的和个性，以及塑造个人身份的心理联系性。

规划和准备是至关重要的，因为个人有很大的选择空间：

有更多的人生阶段需要联系起来；有更多让糟糕的决定产生可怕后果的时间，以及更少的标准化榜样。对百岁人生的规划迫使每个人都做出关于他们想要做什么，以及他们想要怎么做到这件事的关键决定。危险之处在于，他们可能无法做出正确的关键决定。相反，用经济学家丹尼尔·卡尼曼（Daniel Kahneman）的话说，他们被妄想的乐观主义所驱使。人们之所以不会做出适当的行动，创造适当的计划，不是因为他们害怕自己行为的后果，而是因为他们对未来和对自己有着非常乐观的看法。[3] 我们都倾向于玛格丽特·赫弗南（Margaret Heffernan）所说的"视而不见"解释。[4] 长寿带给人们的挑战在于，错误的影响可能会持续较长的时间，即使有时间亡羊补牢也是如此。这就是为什么我们要如此看重规划和准备。

这也是为什么尝试如此重要。传统的榜样一去不复返，而且有无数可能的自我存在，所以你需要尝试找出适合自己的东西，理解你喜欢的、看重的东西，并且清楚地了解什么东西能跟自己的性格和个性产生共鸣。实验不仅仅是针对年轻人的——它对于所有年龄的人来说都至关重要。实验指引着我们来到下一个目标处，并揭示我们该如何驾驭这种转变。事实上，贯穿生命的一部分线索，正是这种实验和探索的感觉。

在简的例子中，我们可以将这种自我感觉看作人生旅程的一部分。对于"我是谁？"这个问题，简的回答在她漫长的一生中将不断改变。事实上，在任何时候从原则上讲，都会有很多个版本的未来的简。对于简的同龄人而言，与过去几代人相比，这些都是强烈的行为转变。我们相信这些东西反映出的是人们实现了长寿，而并未反映他们出生时的特定年份所带来的任何神秘的"千禧一代"或"Y世代"效应。对这个年龄群的一种普遍批评是他们缺乏承诺和一种权利感。但是从漫长人生的角度来看，他们很明显在旅途开始时投入了更高的自我感，因为他们意识到自己的身份是构建人生阶段和进行转型时的关键因素。

◎ 精通

长期以来，奉献和专注都是至关重要的东西。如果要精通什么事情，那你必须坚决地进行数百个小时，甚至进行数千个小时的学习、排练和重复，这才能达到一定的水平。你是否准备好这样做了呢？无论回答如何，都可以说明你学习的动力有多强。有些时候，你面对的是一条看起来更容易走的道路，而不是在为任何转型阶段做导航时，陷入一片混乱之中。在吉米的三阶段人生中，我们仔细研究了默认情况，这种情况下他只会重复过去的行为和路线。这使得他的晚年生活十分不舒服。

我们之前宣称精通的关键是功效（知识和能力）和能动性

（采取行动的倾向）。在功效方面，要确保每个人都能更好地了解世界上正在发生的事情，我们在这方面还有很长一段路要走。同时，要清楚地了解他们该如何应对不断变化的世界。我们希望像这样的书能够创造一种让人们更公开地进行讨论的环境，并且让人们更具体地思考人生规划。显然，教育机构、公司和政府在让人们更好地意识到即将到来的未来，以及在创造人生的导航工具方面，也起着关键作用。就无形资产进行更多对话至关重要。令我们担心的是，大部分辩论都是由有形资产支配的，其中包括养老金、退休储蓄和住房贷款等。其实还有其他一些同样重要的话题存在——例如怎样利用闲暇时间，或者该怎么跟合作伙伴许下承诺。

就能动性而言，长寿的挑战在于人们能设想出更多的未来自我。百岁人生需要更多的储蓄而不是开支，要把更多的娱乐时间转化为再创造时间，也要有更多的能力和意愿，与伙伴们就角色和承诺进行富有挑战性的对话。它包括即刻做出艰难的决定，从而在将来得到潜在的收益。这通常被称为自我控制，不过当面对漫长的人生和未来可能的自我时，"自我控制"这个词比较含糊。也许"自我分享"能更好地描述这一挑战。

有证据表明，人们的自我控制能力不同，这些差异从小就能表现出来。例如，对幼儿的研究表明，即使在三岁的时候，也有一些人比其他人更能够进行自我控制和推迟满足。具体例子是这样的：现在先不把手上的那颗棉花糖吃掉，而是接受研究者的承诺，在 30 分钟后吃掉两份棉花糖。[6] 由于学到某种技能通常需要推迟短期的快乐感（比如等一会儿再看下一集电视剧），从而获得长期收益（比如学会意大利语），所以推迟满足可能是非常重要的。

然而也有证据表明这种自我控制是一种学习行为，人们也可能会得到教育，推迟满足，以精通于某物。斯坦福大学的卡罗尔·德韦克（Carol Dweck）发现，人们应对严峻挑战的能力不同，精通或完成某项目的能力也不一样。那些有她所谓的成长心态的人可以坚持面向未来的计划，把自己赶出舒适区，专注于前方的道路。那些不愿意经历她所说的"当下苛政"的人总是在寻找短期奖励，当面对一些费时更久的事情时，他们会变得很沮丧。她认为学习方法在这方面起着重要的作用。那些受到鼓励和教导，尝试接受耗时更长任务的孩子，如果发现任务难以完成的话，就更有可能拥有这种成长心态了。我们认为她给那些决意在更长人生中获得更多成果的人，提供了这样的建议：设定具有挑战性的学习目标，然后集中精力并坚持不懈地进行下去。[7]

显然，鼓励人们通过效能和能动性来进行计划和实验，并精通于各种事物，将变得越来越重要，教育者和政府都将试图在这一过程中发挥作用。

这对教育意味着什么？

长久以来，学习和教育都至关重要。对于许多人来说，他们将接受更多的教育和学习，由于大学本科课程将包括更多的实验性内容，他们在大学里度过的日子也将增加。读研究生的人会增加，职业训练和学习方面的创新也会增多。这不仅仅意味着人们在年轻时接受教育的时间会增加，也意味着人们将在接下来的日子里进行重要投资，学习新的专业知识，以适应不断变化的就业环境，更新并刺激自己的精神世界。因此，教育机构和学术或专业证书的涵盖范围很可能会显著扩大。

教育机构如何回应呢？这将十分有趣。教育这门产业是比较保守的，毕竟它是以前几代人创立的想法为基础，来教育现在这代人的。此外，当教育市场化时，人们也觉得精英主义和选择性至关重要。这是教育在声誉方面的一个标志性特征——在精英机构中更是如此——这让新机构和新的证书更难以站稳脚跟。当然，教育机构确实在不断发展，但从历史上看，它们一般都会选择渐进式发展，产品只有微小的变化，产品提供者也是稳定不变的。

很显然，技术创新与长寿相结合之后，对这个传统行业构成了实质性的威胁。因此，将有新的提供者、新的产品和实现现有目标的新途径。为了支持那些注定要长寿的人，教育机构面临四个问题：如何将新的学习技术和体验式学习整合进来；如何打破年龄组之间的界限；如何更深入地传授创意、创新、人性和同理心；如何提升实用性，确保教育在与科技的竞赛中胜出。

因此，哈佛商学院教授克莱顿·克里斯滕森（Clayton Christensen）认为，技术将使得教育的"破坏性创新"时机成熟，对终身学习将产生积极影响，这并不奇怪。对数字化创新的投资将通过在线教学、慕课、数字化学位以及新提供商和新加入者来改变课堂。展望未来，简和她的同事们将发现，他们在思考如何学习、在什么地点学习、在哪里学习、以什么价格学习时，会面临越来越多的选择。如果克里斯滕森是正确的，那么这种破坏性的力量将使现有的在位者赶不上变革的脚步，并越来越多地被取代。

数字技术给百岁人生中的学习提供了巨大优势。我们可以看一下慕课的主要提供者之一Coursera（免费大型公开在线课程项目）的课程。他们调查了超过5万名参与者，发现有72%的人为了获得职业方面的利益而参加了这些课程，87%的人表示他们成功实现了这一目标。在注册该网站的人中，83%的人具有大学或更高学历，中位年龄为41岁（31~55岁的人占总数的一半）。[8]毫无疑问，这些课程的灵活性使其成为帮助人们更新专业学术知识的理想形式。[9]鉴于对工作场所学习所存在的需求,我们期望有更多的这种慕课能成为职业性课程,帮助人们培养受认证、适用于各种工作的技能。随着时间推移,我们可以期望更多的大学和在线提供商建立起信誉,拥有精英机构的威名。

当然,大多数传统教育机构的运作方式都反映了三阶段人生观。正如养老金和退休被视为"生命的终结"问题一样,教育就是"生命的起点"。像社区和友谊团体一样,大多数教育机构都是"受年龄分层"的,每个课程都适合不同的年龄层次:中小学、本科、研究生或"成人学生"课程。其结果是年龄出现了同质性,班级是由年龄相差无几的人组成的。这不可避免地增加了各年龄组人群之间的隔阂,在各年龄组之间创造了更大的区分,并鼓励刻板印象和偏见的存在。年轻人跟老年人隔绝开来,失去了分享后者生活经验、接受后者指导的机会,而老年人则无法与年轻人进行有意义的交往。

毫无疑问,年龄隔离将受到多方压力。当追求多阶段生活的不同年龄层群体希望并需要得到再培训,也要重新振作起来时,他们会寻求教育机构的支持。这将对过去的学习模式造成压力。对于那些为了学到东西而花费数年过渡时期的学生而言,现有的标准学位模式可能会起作用。但是那些不想这么学习的人,那些希望将娱乐转化为再创造的人又该怎么办呢?由于人们在一周之内,以及在人生的不同阶段有了更多的时间,所以兼职教育的相对重要性肯定会增加。

这些力量将打破年龄的同质化，迎来一个跨世代交融的时代。这一切都是好事。随着不同年龄段的人们开始交流，他们会发展出深厚的友谊。"我们"与"他们"之间的界限开始瓦解；这反过来又鼓励人们从多个角度去看待世界。用社会学家瓦莱丽·布雷斯韦特（Valerie Braithwaite）的话来说，学校和大学可以创造出"各行各业的年轻人、中年人和老年人互相了解、互相尊重并发展合作关系的空间，这些空间将再度充满和谐精神"。[10] 目前这种空间还十分罕见——也许教育可以创造出这么一块空间来。

长寿也无疑会对教育与工作之间的互动施加压力。在传统的三阶段人生中，结束短期的教育之后，人们会立即投入工作。雇主通常会寻找那些愿意与他们一起进行全职工作的人，并期望高校能够确保他们未来的员工"完全成型"，技能已经得到了充分发展。这种希望尚未被实现。事实上，越来越多的雇主报告说他们招收的毕业生不具备他们所需要的技能，特别是在创造力、创新、人情世故和同理心方面。他们希望学校和大学更多地关注这些生活技能。这种压力将在各方面造成影响。从课程角度来看，它们将更重视体验式的学习，让学生亲身体验那些培养更强同理心或创造力的活动，并能够学习怎样在模棱两可、没有确定结论的情况下进行判断和决策。同时，更多的人会在加入公司之前自主决定该学些什么。他们会通过成为一名探险家或独立生产者来积累经验，磨炼技能，从而保留灵活的选择权。人们有时会在开始全日制教育之前这么做，有时则会在教育结束后这么做。教育机构的建立是为了满足三阶段人生中传统的"第一阶段"的需要，但我们猜想它们会一直处于追赶模式，因为它们试图满足多阶段者的愿望，还要跟快速发展的慕课一争高下。

这对公司来说意味着什么？

我们的工作生活不仅被我们的愿望和欲望所塑造，而且也是由企业的实践形式、流程、文化和价值观所塑造。未来的几十年中，企业和个人之间将经历谈判和讨价还价的过程，因为社会将要尝试重塑生活。为了满足员工的需求，企业必须在根本上重新设计它们的政策。

从积极的计划开始讲起，要想支持那些拥有百岁人生的人的话，企业必须做些什么呢？我们想提出六点建议。

首先，企业有必要重新平衡有形和无形资产。目前，雇主与雇员之间的关系是由有形资产调节的，包括如下内容：支付多少工资，提供怎样的养老金、汽车和住房补贴等等。

然而正如吉米和简的情景那样，有形资产虽然很重要，但只是生活天平上的一部分，不会成为未来所有工作阶段的主要关注点。

这种平衡如何转移？承认和辨识无形资产将十分有用。我们在这里开了一个头，但在未来，可能会有更多专属企业的无形资产出现。如果能了解无形资产对每种职业的贡献，那我们将得到很大的帮助，能弄清执行某项工作是否会导致生产力或活力等无形资产诞生。它是否有助于员工在工作场所之外建立无形资产？如果它能够帮助员工建立无形资产，那我们就有可能在员工的选拔和培养过程中提到这一点，并且以最清晰易懂的方式告诉其他人。[11]这种叙述将使个人根据自己的生活状况做出明智的选择，决定要选择哪个职位。在任何时候，他们的工作动机都将反映他们生活的多维度方面，以及无形资产在其中发挥的作用。

其次，企业需要支持并认可员工的转型，也要认可他们培养和保护转型技能的强烈需求。大多数员工在职业生涯的某个阶段将不可避免地遇到转型，企业可以做很多事情来支持他们。企业可以让他们接受培训，从而在转型时期提升技能水平；可以保证人们能发展动态而多样的人际网；也可以让雇员通过使用同行反馈来形成自我认识。我们知道转型资产是凭借磨砺而得到提高的，所以企业应该考虑把员工暴露于"体系边缘"的可能性，把它囊括到企业培训之中。公司需要将其定为拥有多阶段人生的新成员加入公司时要走的流程，也要把它当作吸引新员工的一种方式。

第三，企业必须将企业职业生涯的实践方式和流程进行重新组合，从过去的三阶段转换为多个阶段。看一下吉米和简的情景，我们就可以看出他们的经历和需求的多样性。吉米希望能工作到超过60岁，他也需要这么做。他希望保持机警，并希望建立一种投资组合，靠这一组合来到人生的下一个阶段。所以他想选择一种新的方式：他想让人们改变对退休和老去的态度；他需要得到支持，以保持生产力；他希望自己的公司能更有创意地思考付给他的报酬；他也能接受薪酬水平持平甚至下降的情况。简早年是一名探险家，所以她需要公司来寻找她，以及寻找跟她一样技能熟练的人。她希望能有机会休长假，或者在人生不同时期于工作和待业之间来回切换；她希望在转型阶段得到支持，并以增强活力的方式来工作。许多企业已经开始面对这些挑战了，不过它们往往是在零散地回应退休员工或新员工的个人需求。企业将越来越需要从这种一次性交易转向更加透明、可预测和公平的交易。

第四，企业将不得不考虑家庭在工作中所扮演的角色，它的地位在不断提升。在最后一章中，我们列出了长寿对伙伴关系和家庭结构的影响。在人生结构更加多样化的情况下，双职业伙伴关系将变得更加流行。它也将成为管理家庭财务的一种手段，具体是通过让每个合作伙伴在高收入和低收入角色之间切换来实现的。随着家庭结构更为多样化和多阶段化，企业需要对不同职位的要求做出更清晰、更具体的分析。正如戈尔丁所说，有些工作是非常艰难的（时间压力大，时间自主性有限，日程灵活性有限，需要不断与团队或客户联系，受到替换的机会也有限），因此有很高的薪水。要清楚这一点：在人们想要成为十分负责任的父母的时期里，他们基本上无法从事这些工作。其次，企业需要在能力和资源规划方面将性别考量抛在一边。如果我们相信年轻男子目前所存在的趋势，那他们中的许多人就都会想成为负责的父亲，并准备围绕这一选择来塑造他们的工作。这意味着灵活性不仅仅是女性所需要的东西，而且是许多人都想要的东西。

  第五，我们认为最棘手的挑战之一将是改变公司对年龄的态度，并开始向年龄不可知论转变。商业是帮助巩固年轻人和老年人隔阂的组织之一。企业对退休的支持在这方面发挥了重要作用，因为企业试图以非对抗的方式为更多年富力强的劳动者腾出工作岗位来。就连职位头衔也强化了这种年龄的分离："初级"和"高级"等标签都是与年龄有关的头衔。这在三阶段人生中是合理的，此时存在一个主要的职业阶段，但在多阶段的人生中则毫无意义。正如我们已经表明的那样，不同年龄段的人将有非常相似的经历。如果公司不理解、不接受这一点的话，那他们的形象就会遭到损害。

越来越多的法令在迫使企业采取反年龄歧视政策，但我们很清楚，企业不能仅仅做到"反年龄歧视"。在多阶段、更为长寿的人生中，诸如年龄这样的名义性衡量标准，将不再像在三阶段人生中那样具有强大效力。在三阶段人生中，年龄有明确的划分日期。当三阶段人生是主要模式时，人力资源政策大可以暗中通过年龄这种简单的手段来衡量员工的绩效和激励情况。然而这种模型并不适用于多阶段人生。在招聘、晋升和薪酬设置方面，取消隐含的年龄歧视，并将其替换为与年龄和建立在年龄之上的同行评价无关的客观标准，将是十分巨大的挑战。举个例子，考虑一下这样一个事实：三段式人生中的年龄是经验的简单代名词，并且直接体现在薪酬和升职上。在多阶段的生活中，年龄和相关领域的经验之间将不断分离开来。

最后，企业必须准备接受并理解实验，既要在他们准备采用的工作模式中采取这种态度，也要在审查他们所招募职员的简历时采取这种态度。在接下来的几十年中，人们将适应他们不断变化的生活，像吉米这样的一批人，将在职业生涯中段做出适应。他们没法找到指引前路的榜样，所以将摸索着进行实验。其中一些实验将起作用，而另一些则不会。那些成功了的实验会迅速得到关注，然后被人追捧。由于人们发现它们能够奏效，并且希望效仿，因此，它们将迅速扩大规模。所以企业应该意识到这些实验的存在，并准备将它们融入自己的思维中。目前，在现阶段的三阶段人生模式规则下，无论是出于实验还是其他原因，一旦个人的简历显示出了"间隔年"的话，就都会遭到怀疑。越来越多的人将走过这一阶段，以此来管理自己的无形资产，企业需要对此更加宽容。

这些建议代表了当前人力资源的重大改革，而人力资源方面还需要进行更多的改革。因此，我们预计会有相当大的阻力存在。这在部分程度上会反映出企业不愿意脱离现有的用人政策，因为在这种政策下，仅年龄一项就足够显示出大多数员工的需求了。当这种情况发生变化的时候，人们需要获得更多涉及个人谈判的选项，而非被限制在一系列具备固定时间段和关卡的固定政策之中。这些很难受到管理，并且会让人们担心程序上存在不公，因为一些员工将能够通过谈判得到比别人更好的条件。不可避免的是，这种对标准化的远离和复杂性的提升将被许多公司抵制，因为这种变化是具有挑战性的，而且前进的方向还不够明朗。

公司之所以会抵制这些转变，还存在其他原因。复杂性往往是有代价的。在经济遇到压力的时候，标准化做法有很高的价值。百岁人生所需的灵活性对于有些人来说根本没有商业价值。这已经不是人们第一次将灵活性列入考量了。工业革命的一个重要特征是企业要求设定工作标准和统一的工作时间。对于大多数公司来说，前工业革命时那一阵一阵毫不规律的工作模式太昂贵了，他们在工厂和机器上进行了大量的资本投资，而且也希望持续而统一地使用这些投资。这一要求的结果是人们引入了为期6天、总共72小时的工作周，这成了定义"工作周"的初始模式。毫无疑问，当时的工人们对工作模式的改变和灵活性的损失感到很愤怒，他们的个人和家庭生活也因此受到了改变。但那个时候，企业占据了上风。当公司和劳工组织间花几十年的时间进行重新谈判之后，公司对标准化的愿望依然存在，工作周仅受到了缩短，而并未变得更加灵活。

时至今日，不肯改变标准的公司是否能够胜出？无论吉米和简想要从雇主那里得到什么，雇用他们的公司可能根本不会出于商业原因而应允。虽然有些企业无疑会紧咬标准化不放，但我们认为大部分企业都会采取某种形式的适应措施。

这在一定程度上是因为现代经济与工业革命截然不同。现在增加值最高的产业是以人力资本为基础的，而非以物质资本为基础。这为高技术雇员提供了更大的空间，从而得以满足自己的需求。正因为如此，有许多高增加值行业便开始采取弹性工作模式，在退休方面进行创新。毫无疑问，他们会继续沿着这条路走下去。人才争夺战正在进行，创意与创新也日益变得重要，这都意味着许多企业十分看重吸引和留住优秀员工的能力，并愿意倾听和回应他们的需求和要求。

而且，机器正越来越多地体现着智能。虽然这导致了更大的空洞化，但同时也扩大了工作类型之间的差距，以及工作方式之间的差异。那些人机合作完成的工作可能会有更多的灵活性，因为工作的常规部分可以通过机器来完成。而且如果技术意味着所需标准化程度的下降，那么它也能帮助提升组织内的协调程度。数据分析将使高管能够超越标准化，得以应对不同的工作模式，而无须付出相关的成本。当协作技术使团队工作人员联系起来，并且不断对个人绩效进行测量和监控时，人们便会更容易进行灵活的工作。

毫无疑问，一些公司会坚持简单的标准化政策，这对于他们来说是最佳的，但对员工而言并非如此。但我们预测很多公司会试图改变。他们将越来越多地把提供更多样化的就业政策看作一个重要的战略优势，在人力资本发挥关键作用的高附加值产业更是如此。然而，并非所有的公司都觉得这样做有利可图，这给政府和社会带来了重大的问题。你所拥有的才华越是珍稀，你的谈判筹码就越多，因此便有更多的选择来构建你的生活，充分利用你的百岁人生。但并非人人都有这种谈判优势，或者拥有这么多的选择。

公司们在这方面有多少进展？作为这项百岁人生研究的一部分，我们听取了一些公司的汇报，看看他们为这些新工作方式做了什么样的准备。这成为林达指导的未来工作联盟（Future of Work Consortium）的主题，该组织汇集了来自世界各地的高管。2014年10月，我们先是进行了一系列采访，然后在伦敦进行了一次研讨会。在此期间，我们讨论了他们将如何充分利用这种百年大礼。我们发现大部分公司没有做出什么努力，只有小部分除外。

目前许多公司尚未发展出用于处理吉米和简生活复杂性的工作模式和流程。大多数人一直坚持着五十多年前创造的招聘和培训传统。他们以毕业生招聘作为主要切入点，从而排除决定进入探险阶段的那些人，以及决定在人生中段再进入企业的那些人。学习过程通常是在人生前期进行的培训，所以30岁以上的人便很少获得学习和教育机会。公司很少有系统的休假流程，因此会迫使人们辞职而非放上一段时间的假。在家庭方面，许多工作场合下默认的假设是女性将成为家事主管者，对于想要承担更多父母责任的父亲而言，所能提供的支持十分有限。也许最大的挑战是对退休的普遍态度。大多数公司假定员工将在60岁出头时结束全职工作。其结果是那些想长期工作的人被视为特例，而非正常情况。60岁以上的人被视为"老人"，人们觉得他们或许无法应对工作中涉及脑力的挑战。在"退休"之后会出现"硬着陆"，这当然会让老年职员彻底失去成为更灵活的指导和辅助角色的机会，他们也无法积极地建立起一套投资组合。

当然，这将会发生改变。公司将接触到探险家；他们将在整个职业生涯中为这些人提供学习机会；他们会鼓励员工休假，帮助父亲们更好地参与家庭活动；他们将使员工在公司待上更长的时间，创造更为多样化的工作；他们将发展"软着陆"，鼓励老年人主动从事某些方面的工作。但要做到这一点，他们必须做好面对各种变革壁垒的准备。

关于政府

企业为工作创造了环境，而政府政策则建立了大部分生活环境。政府的立场是什么，他们需要多久才能赶上新兴的长寿现实？政府有无数事情需要做。正如个人要重新设计生活一样，政府也需要重新调整法律、税收和福利制度，在就业上设立大量法律，以及创立处理教育和婚姻的机构。为了让人们成功地重塑自己的生活，政府需要重新调整自己的规则和制度。

从某种意义上说，政府为解决长寿问题而做的辩论和议事已经持续了几十年。以不变的退休日期、更长的寿命和更高的养老及医疗保险费用为基础的公共财政存在不可持续性，这导致人们在宏观和财政领域进行了实质性分析，采取了实际的政策。正如我们在第 2 章的初步回应中所说的那样，政府在面对百岁人生的前景时，直接的反应就是集中精力解决财政问题。

但是，正如我们所表明的那样，真正的挑战来自对无形资产的管理，这是政府的政策存在滞后的一个领域。

当我们思考规划有形和无形资产的挑战时，一个重要的数据点是长寿人生到底能长到什么程度。这方面的信息不一。正如我们前面所描述的那样，有两种估计预期寿命的方法：周期估计和人群估计。我们强烈建议各国政府和精算行业不要再将对预期寿命的周期估计当作他们的核心假设。这不仅是宏观经济政策辩论方面的一个误导性假设，也会造成公民的思想混乱，产生虚假的安全感。我们在之前的分析中已经说过，周期估计假设今天出生的儿童在8岁时，存活的概率就跟他们到了40岁、50岁甚至70岁时一样，或者跟今天年满40岁、50岁甚至70岁的人一样。在实践中，这种估计排除了在未来40年、50年或70年中营养、公共教育和医疗技术方面取得进展的可能性。这就是为什么对于富裕国家来说，周期估计下的预期寿命目前约为80—85岁的原因了。相比之下，使用人群估计时，未来因素将被考虑到预期寿命中，此时预期寿命将超过100岁。从图1.2可以看出，从19世纪开始，人们的预期寿命一直在提升。两种估算方法之间的差异是重要的，也是令人担忧的。这意味着政府不仅可能低估未来公共财政的压力，而且也无法向公民宣传挑战的紧迫性。

除了财政政策之外，长寿还会为政府政策创造其他一些影响深远的挑战。现在的许多政策都以三阶段人生为出发点。在这种模式下，某些年龄段具有特殊的意义。事实上，人们的实际年龄是教育、政府机构和公司政策中的核心因素。在政府立法和监管方面，有很多依赖于年龄的例子。政府对劳动力市场的统计就是一个例子。目前大部分政府统计数据将0~15岁的人看作"儿童"，16~64岁的人看作"工作年龄"，64岁以上的人则是"退休"群体（隐含着"老龄人"这个含义）。然而在现实中，随着生命的延长，人们对于年轻人和老年人的看法也会出现变化。政府的这种分类未能捕捉到我们所预言的年龄层和人生阶段的变化。教育机构需要花时间赶上这种正在出现的现实情况，政府也是如此。

要理解三阶段思维的危险性，我们可以思考一下关于如何让公共财政可持续发展的宏观经济政策辩论。大多数政府正在试图实施各种政策，以提高退休年龄。但如图10.1所示，许多国家的一个主要问题是55~64岁的人群有着低就业率。

人们退休的年龄（经济合作与发展组织使用的是"过渡到经济不活跃阶段的平均年龄"这个术语）在各国之间差异很大。为什么希腊人、意大利人和法国人比挪威人、瑞典人和新西兰人要早10年左右退休？研究表明，政府立法和财政政策在其中起了重要作用。增加的工作年数是否会增加养老金，这是否又存在一个上限？养老金储蓄和养老金如何满足税务目的？退休前要获得伤残抚恤金有多难？为了实现财政可持续性，大多数政府正试图通过消除提前退休的激励措施来解决这些差异。然而政府所面对的挑战比这更复杂。多阶段的生活对退休年龄等关键因素关注得更少，它会促使各年龄段的工作具有更大的灵活性。政府必须提供一种框架，使人们能够选择自己的人生里程碑，而不是在某些固定的日子里进行转型。

多阶段生活的出现、年龄与阶段之间的脱节以及因循守旧的打破，都让人们有机会自己构建自己的生活。政府和公司一样需要改变政策。不仅仅是要改变退休日期和缴费率，这些东西都反映出了三阶段人生的思维方式。政府要做出的税收和福

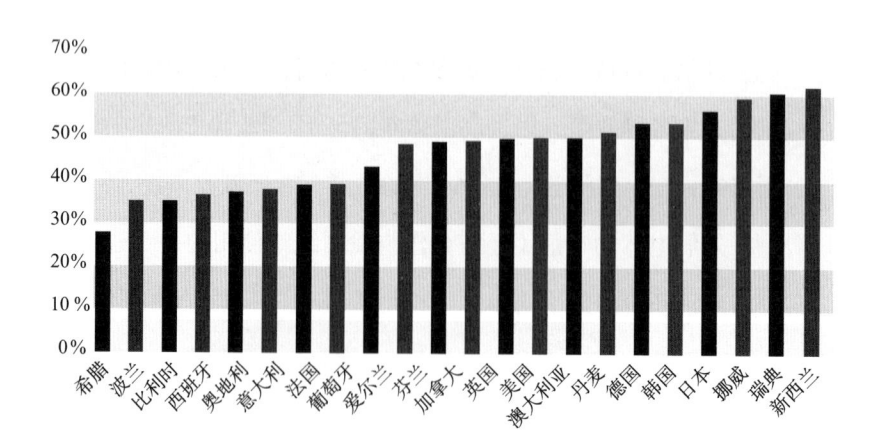

图 10.1　55~64 岁人口的就业率
来源：经济合作与发展组织数据

利改革要比现在所做的深刻很多才行。这将包括对终身津贴和终生信贷的更多关注,而非跟现在一样,过分关注与年龄有关的时间表和即将退休之前的那十年。终身津贴将为人们提供更大的灵活性和更多的人生选择,以便于让他们管理人生的不同阶段。政府将不得不让人们更灵活的使用养老金和储蓄计划。我们强调了这一点:人们都应该学习如何平衡开支,也要理解储蓄的必要性。但要做到这一点,政府还必须做出重大努力,要鼓励储蓄,并让人们拥有更多的金融知识。当然,必须改变的不仅仅是政府,金融部门也是如此。财政规划和金融产品将发生根本性的变化,这是因为数千万人从三阶段人生过渡到多阶段人生,这反过来又要求政府监管做出重大变革。

三阶段人生的解体也给政府带来了其他挑战。许多政府已经为生活的第二阶段——工作阶段——确立了各种法律,并假定工人要么全职,要么兼职,每一类工作都得到了明确定义。正如我们对闲暇时间和工作周所进行的讨论所表明的那样,政府将需要允许人们在大量的生活方式和工作方式之间做出选择,简单的"全职"和"兼职"分类将毫无意义。这在所谓的"共享经济"中已经很明显了。优步和爱彼迎等共享经济企业的发展,已经让人们思考起诸如"什么是员工"和"谁负责医疗和养老金等福利"之类的复杂问题。在过去,工会会为其成员的集体权利发声。这些工会的形象才刚刚出现在共享经济中,我们可以期待他们进行更多的斗争，因为在这些工作十分灵活的部门中，雇员的权利受到了法律的质疑。

我们对转型和伙伴关系的讨论对于政府来说也是一个挑战。目前在立法分析中，人们所使用的单位是以"户"区分的家庭。由于家庭受到融合，过渡更为频繁，政府不仅要让人生不同阶段下的财政、税收和就业法规拥有更大的灵活性，还要为处于其他形式的伙伴关系和家庭模式下的人提供类似的灵活性。

政府议程影响深远而复杂，将维持几十年。就像在工业革命时期，政府为了应对不断变化的工作模式而进行了数十年的立法过程一样，我们也可以期待他们为了应对长寿而进行数十年的立法过程。但是，其中一些变化将比重新立法更微妙。长寿有一个令人着迷的方面，那就是四世同堂家庭的兴起。我们想知道这种跨越年龄群体的混合，是否会影响到人们考虑他们的行为和政府的政策时所采用的时间框架。在兰佩杜萨（Lampedusa）的《豹》（*The Leopard*）中，王子认为他只应该关心他亲身接触和爱着的那些人（他的儿子，也许还包含他的孙子）将生活在什么样的世界里。许多人会赞同他的话。人们很难关心尚未出生的孩子的福利。但长寿使得人们能与更多的世代接触。考虑一下吉米的情况：如果他在2031年成了祖父母，那他的孙辈可能有50%的机会活过2140年。一些从事气候变化建模工作的科学家估计，到2100年时，气候将明显变暖。现在看来，这个日子似乎十分遥远，但是他们所描述的，是这种气候将给那些我们可以接触到，可能爱着的人所带来的影响。[12]

◎ 不平等的挑战

对于政府来说，长寿最重要的影响之一就是不平等。他们面临两大挑战。第一，虽然人们的预期寿命正在增加，但并不是所有人的预期寿命都在以同样的速度增长着。现在有很大的差异，这是由收入水平所决定的，富人的生活比穷人要长得多。换句话说，不是每个人都有百岁人生这样的前景。第二个挑战在于，如果要让百岁人生成为一种礼物，而非一种诅咒的话，就需要具备大量的自我认知、相当不错的技能和教育程度，支持转型阶段所需的财政资源以及和雇主进行谈判时的筹码。这些是收入达到人口前 1/4 的人们会具备的属性，在专业和技术性高的职业中更是存在这些属性，但它们不一定是人人都具备的。鉴于目前的政府政策，并非每个人都可以使用我们所概述的选项。

图 10.2 说明了第一个挑战。它显示了 1940 年出生在美国的人的预期寿命与 1920 年相比提高了多少，以及男女在收入方面存在多少差异。我们应该注意到人们的预期寿命增速不一，

贫富差距也在扩大。这不仅是存在于美国的现象,也是个全球性问题。更糟糕的是,对于低收入阶层的男性来说,预期寿命实际上在这 20 年间有所下降。总的来看,富裕人口的预期寿命比穷人多了 12 年以上。随着预期寿命不断上升,增速不一,健康方面的不平等将继续增加,我们预计这种不断增长的不平等

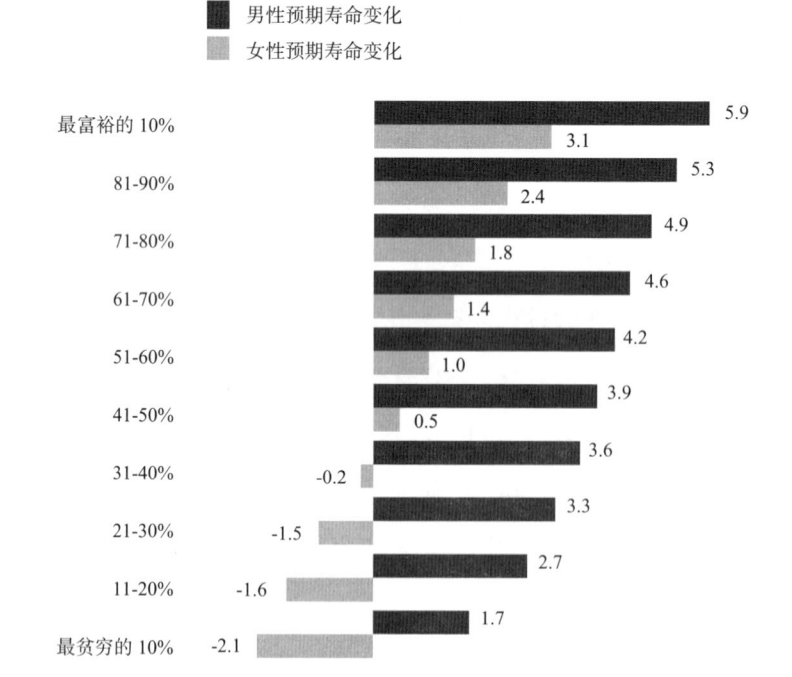

收入群体	男性预期寿命变化	女性预期寿命变化
最富裕的 10%	5.9	3.1
81-90%	5.3	2.4
71-80%	4.9	1.8
61-70%	4.6	1.4
51-60%	4.2	1.0
41-50%	3.9	0.5
31-40%	3.6	-0.2
21-30%	3.3	-1.5
11-20%	2.7	-1.6
最贫穷的 10%	1.7	-2.1

图 10.2 不同收入群体的预期寿命变化
来源:B. 博斯沃斯、K. 伯克,《健康与退休研究中的不同死亡率和退休福利》,布鲁金斯学会油印品,2014 年

将成为越来越多的辩论主题和政策的焦点。我们尚不清楚政府会怎么回应。但是，我们希望有一些旨在把资源投向穷人的重大政策，以及旨在缩小这种健康差距的公共教育措施。这不会消除差距，但会缩小差距。长寿不应该只被少数权贵阶级享用。

第二个挑战是那些（终生）收入较低的人在消除三阶段人生所需的灵活性和技能方面会处于不利地位。对于他们来说，真正的危险在于生活将是"讨厌、残酷而漫长"。与之前一样，我们也是从霍布斯那借来的这句话。那些缺乏技能和知识的人将无法维持长期的退休生活，并且不善于应对转型。他们面临着失去长寿潜在好处的风险，而不是从中获益。他们的生活可能看起来更像我们祖先的生活——祖先们的大部分时间都在工作，直到离开人世为止，并且随着年龄的增长，他们也面临着收入和生活水平的下降。

政府的部分回应办法是保持退休所带来的福利收益。对于公民来说，在年老时若是能保证休闲时光和金融安全，将是一种巨大的社会成就。一个解决办法是让政府政策产生分叉。对于那些收入较低的人来说，应该保留国家养老金，并让养老金的目标对准他们。他们更可能过着三阶段人生，第二阶段会更长，退休时间也会延长。对于收入较高的人来说，则应该自行筹集养老金，这些人有足够的灵活性来应对多阶段人生。可悲的是，由于低收入家庭的预期寿命较低，因此这个群体所增加的退休年龄将不会特别长，他们的退休时间将因此缩短。

虽然这是一种可能的结果，但考虑到百岁人生提供的多样选择，这似乎不是一个社会愿意看到的结果。对于无形资产而言，无论收入水平如何，从16岁一直干到70岁的漫长工作生涯肯定不是什么好东西。这也可能是低收入人群预期寿命较低的原因之一。倦怠、疲惫、无聊，难以在工作和家人朋友之间做出平衡等问题并非富人所独有。然而富人有更高的消费能力，能过上健康生活，所以拥有更有效地解决这些问题所需的资源。而且相比熟练工人而言，技术的更新更可能会让不熟练的工人失去工作，因此，漫长的职业生涯将在收入分配的底端重复地创造技术过时（technological obsolescence）。

因此，政府很可能不得不向低收入者提供支持，以便为转型提供资金，为未来的人生阶段做好准备，并让他们花时间建立无形资产。许多国家在20世纪引入了失业保险、疾病和残疾补贴、产假和越来越多的陪产假，以及国家养老金。所有这些政策都有助于为贫困人口提供资源，使他们能够应对过渡和冲击——以前只有富人才有这种能力。如果过渡变得更加重要，而且是再创造的重要组成部分，那么可以想象的是，引入国家提供的终身津贴，将可以使人们享受时间或价值固定的带薪假期。劳工运动也许会再次引起注意——这是一种代表了低收入群体的群众运动，它也要求政府立法支持工人享有自由时间，避免无休止地进行工作。

生命的延长在克服不平等方面具有巨大的潜力。更长的寿命和更多的人生阶段为人们提供了更多的机会，从而能克服人生的糟糕起点或者人生初期遭遇的负面事件。然而，如果是投资（健康、教育、人脉、储蓄等）的差异导致了不平等，那么在长寿人生中，在各种资产上做出投资将更为重要，这样一来，就存在不平等的危险了。20世纪时，各国对免费教育和婴幼儿保健进行了大量的投资，这是三阶段人生投资的关键时期。如果增加预期寿命使得多阶段的生活得以出现的话，还会出现很多需要类似投资的其他阶段。在未来的几十年里，政府肯定会参与到这方面的争论中来。

在长寿方面，人们重视的是财务、收入和储蓄。这些都是投机性的想法，但其中的逻辑是我们所熟悉的。正如我们所看到的，真正的挑战是如何管理无形资产，从而让它们支持更长的寿命。目前，针对不平等的社会政策主要关注的是财务问题。随着寿命的延长，它们的重点将不得不扩张。如果有尽可能多的人有福享受长寿人生的话，那么这个问题就是紧迫而具有挑战性的。在许多国家，现行的社会政策通过创造三阶段人生来帮助增加福利。如果三阶段人生现在受到了破坏，那么20世纪创造的具有里程碑意义的社会政策也会受到破坏。

为什么变化这么慢？

令人惊讶的是，随着人们寿命的延长，社会将出现的变化程度与公司和政府相对有限的反应之间形成了鲜明的对比。他们普遍缺乏对这一过程和问题的认识，这更值得人们关注。说企业和政府"被甩到了后面"都算是客气了。

更长的寿命将带来深刻的经济和社会变化，那为什么他们所做的变化这么少呢？第一个解释是最简单的。社会变革需要很长的时间。寿命会缓慢增长，而不是突然增加。温水煮青蛙是一个完美的例子。把一只青蛙放在一锅慢慢加热的水里的话，它会一直待在里面，直到水沸为止；一开始就把它扔进沸水里的话，那它即刻就会跳出来。这个故事的寓意是这样的：当一些东西慢慢累积起来时，人们很难采取激进的行动。因此，受到政府立法支持的社会变革便会趋于缓慢。例如在英国进行工业革命时，直到1802年议会才通过了一项法案，试图对童工进行某种形式的管理。1802年以后，历时40多年，英国才出台了各种工厂法令，规定8—13岁的工人每天的工作时间为6.5小时。所以相比快刀斩乱麻而言，在未来几十年内更有可能出现的是大量的政府立法，它们将使个人和社会适应更长的寿命。

变化迟缓背后的第二个原因可能更为深刻。这也是一个与环境可持续性有关的问题——一个短期主义问题。就像减少碳排放所需要的改革一样，我们现在会承受改革的成本，而收益则会归于后来人。值得庆幸的是，长寿的问题并不像可持续发展那样严重。在可持续发展方面，许多受益于当前改革的人还没有出生。而在长寿方面，目前 18~30 岁的人肯定有发言权，他们可以影响政府，让政府做出改变，使他们在以后的生活中受益。但在许多国家，这一代人占的人口比例比过去要小，而且往往不太和政治打交道。以 2012 年的美国大选为例，45 岁以上的人投票率占 2/3，25~44 岁的占 50%，而 18~24 岁的占 1/3。年轻人似乎对政治越来越失望。1964 年，有一半人投了票；到 2012 年，这个数字还不到 1/3。投票较少的较小年龄群将难以引起政府注意。更大、更具政治活力的婴儿潮一代让政府的注意力集中在了退休和老年医保方面。年轻人在终身教育、技能发展、灵活工作和过渡等方面的意见可能会被忽略。我们论点的一个主题是这样的：人们不会只在年老时追求更长的寿命。但是，如果年长的选民受到了政客关注的话，那么改革将需要更长的时间，并且可能是有缺陷的。

为什么政府和企业会反应缓慢呢？另一个原因是在于，当社会试图找出回应长寿大礼的最佳手段时，社会的异质性就会出现。随着每一个新阶段或新转型的出现，社会必须先做实验，然后才能出现变化。在时间推移之后，人们才会弄清政府跟企业该如何行事，并弄清这些新的人生阶段又会提出什么样的要求。

没有某种共识的话，重大的变革就不可能出现。我们可以想象，在未来的十年中，人们会越来越清晰地意识到目前的做法和规定是无效的。但这个问题的最好解决方案是什么呢？人们可能提不出来。而且决策者还面临另一个问题：即使开始出现社会共识，人与人之间也会有相当大的异质性。三阶段人生创造了因循守旧，这些人生阶段只能以一种方式排序；相比之下，多阶段生活的排序方式则十分多样，具体取决于个人喜好和所处环境，这种深远的变化使得人们更难以在对行动的看法上达成一致。

◎ 什么是改变的催化剂？

这么说，这一切是否都毫无希望？人们是否永远注定要伴随着不适合这种新兴现实的公司政策和政府条例，来享受自己的长寿时光？我们认为从根本上说，变革的推动者不是公司或政府，而是人们。当面对长寿的挑战和机遇时，将进行实验、解构、重构、讨论、辩论并且感到痛苦的，会是个体、伙伴、家庭，还有朋友们所组成的人际关系网。

他们所进行的行动和讨论之中所孕育出的东西，并不是成果丰硕的生活所应遵循的模式。相反，它可能是对灵活性和个人自由的共同渴望。当然，这种对灵活性和个人自由的渴望正是企业反应迟缓的原因之一。我们认为这将是应对长寿时，社会的一个主要斗争战场。企业和政府会希望坚持简单的标准化模式，但是个人会为更大的灵活性和个人的自由裁量权奋斗。社会必须在官僚效率和个人喜好之间做出权衡，从而决定自己的位置。我们认为天平会倒向个人，而非各种组织。高附加值行业的情况尤其如此，因为这些公司的成功取决于积极进取的员工队伍。

那么，改变会如何？各国政府已经开始做出反应，不过还主要集中在第三阶段，比如改变退休年龄、养老金水平和易得程度，以及颁布反老龄歧视法案。但政府也开始了改革税收和金融体系，开始将重点转移到终身收入、财富和津贴上，而不像过去以年为衡量标准。这些对个人更灵活的措施将得到企业的支持。金融机构更是如此，这些企业会在帮助人们重组财务状况时，意识到他们可以通过收取费用来获得商业利益。由于政府提供了更大的终身灵活性，他们也将开始调整立法，消除三阶段人生所支持的、隐含于其中的年龄歧视。

那公司呢？公司有许多资源，他们可以用这些资源保留我们所讨论的一些现实情况，这些现实情况正面临着挑战。可能还是会有很多大学生在一毕业后就高高兴兴地投入工作之中去，所以公司便没有必要去接触探险者们。或者说也会有很多父亲准备把大部分养育子女的任务留给他们的伴侣，所以公司也没有必要为高层的人员提供更公平的工作方式。事实上公司或许也能获得足够多的年轻职员，他们技术熟练，足可以让公司把60岁以上的职员放走，也不需要费上一番力气，设想该怎么样以更具创造性的方式来重新雇用这些职员。

所以，改变将是零星的。比如说，在坚持现有政策的同时，企业将开始容许特例存在，并稍微做出一些变化，以满足个人的不同要求。对于那些在退休年龄上提供了一些变通的公司来说，这已经很明显了。他们会让个人在重返工作岗位之前休息几个月，或者让一些工人的周末休息日延长到三天，又或者让他们只用干半天活。随着时间的推移，特例会越来越多，人们也会提出更为独特的要求，这将促使企业的人力资源部门做出更充分的回应。由于雇员短缺，工资便会上升，才干出众、经验丰富的雇员也会威胁公司。除非要求得到满足，否则他们就会离开。这样一来，人手就会变得短缺。在这种情况下，企业就会认识到对工作周和职业道路所进行的改革有哪些优势。

事实上，人手已经开始出现不足了。人们逐步认识到，一些高素质人才想要建立自己的公司，过段时间之后再跟更大的公司合作。许多企业就这样失去了利用人才的机会，真是可惜。一些高技能的男人和女人要求公司意识到，他们存在着成为父母并照顾家庭的责任。有一大批60岁左右的人将要退休，他们离去之后，航空工程和制药等行业就会出现巨大的技能缺口。这种技能缺口将使这些部门处于真正的风险之中。

所以在这些压力逼迫之下，变化将会来临——但它可能会比许多人所希望的更慢，更温和，更具试探性。因此，最终应该由每个人自己来明确自己的需求，并加速企业变革。企业领导者应该认识到，一个为三阶段工作而打造的公司，将极度难以应对接下来的情况。

面对政府和企业规范所带来的挫折，人们（无论是个人还是集体）都希望自己去尝试不同的工作和生活方式。这一切都会带来好处。我们认为，这一系列实验将为许多人创造机会，真正探索对他们重要的东西，个性和多样性也将得到鼓励和庆贺。多样性将更上一层楼，从中将孕育出百岁人生这一大礼。

第 10 章注释

1. Parfit, D., *Reasons and Persons* (Clarendon Press, 1984).
2. Archer, M., *The Reflexive Imperative* (Cambridge University Press, 2012).
3. Kahneman, D., *Thinking Fast and Slow* (Penguin, 2011).
4. Heffernan, M., *Willful Blindness: Why We Ignore the Obvious at Our Peril* (Simon & Schuster, 2011).
5. Eliot, T. S., *Four Quartets* (Harcourt, 1943).
6. 关于延迟满足的原始实验，在 20 世纪 60 年代末 70 年代初由斯坦福大学开展，参见 Mischel, W., *The Marshmallow Test: Mastering Self-Control* (Bantam Press, 2014).
7. Dweck, C., *Mindset: The New Psychology of Success* (Random House, 2006).
8. Zhenghao, C., Alcorn, B., Christensen, C., Eriksson, N., Koller, D. and Emanuel, E. J., "Who's Benefiting from MOOCs, and Why", *Harvard Business Review* (September 2015).
9. 斯坦福大学前教授、谷歌公司副总裁、在线教育公司优达学城（Udacity）创始人塞巴斯蒂安·图恩（Sebastian Thun）说得好："今天的教育系统源自17、18世纪的教育框架，它主张，我们5岁之前应该玩耍，之后学习，之后工作，之后退休，之后死掉。我认为，我们应该同时进行上述所有事情。"

10. Braithwaite, V., "Reducing Ageism", in Nelson, T. D. (ed.), *Ageism: Stereotyping and Prejudice Against Older Persons* (MIT Press, 2002), 311–37.
11. Erickson, T. J. and Gratton, L., "What It Means To Work Here", *Harvard Business Review* (March 2007).
12. 感谢阿代尔·特纳（Adair Turner）提到《豹》这部作品并且提供这个特别的例子。